水体污染控制与治理科技重大专项
“十一五”成果系列丛书
水体污染控制战略与政策示范研究主题

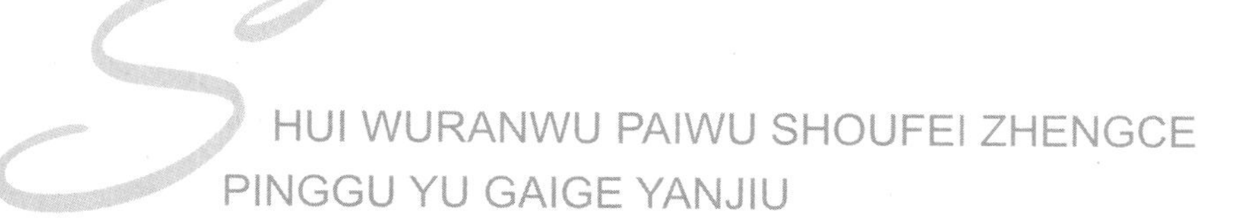

水污染物排污收费
政策评估与改革研究

高树婷　龙　凤　杨琦佳　编著

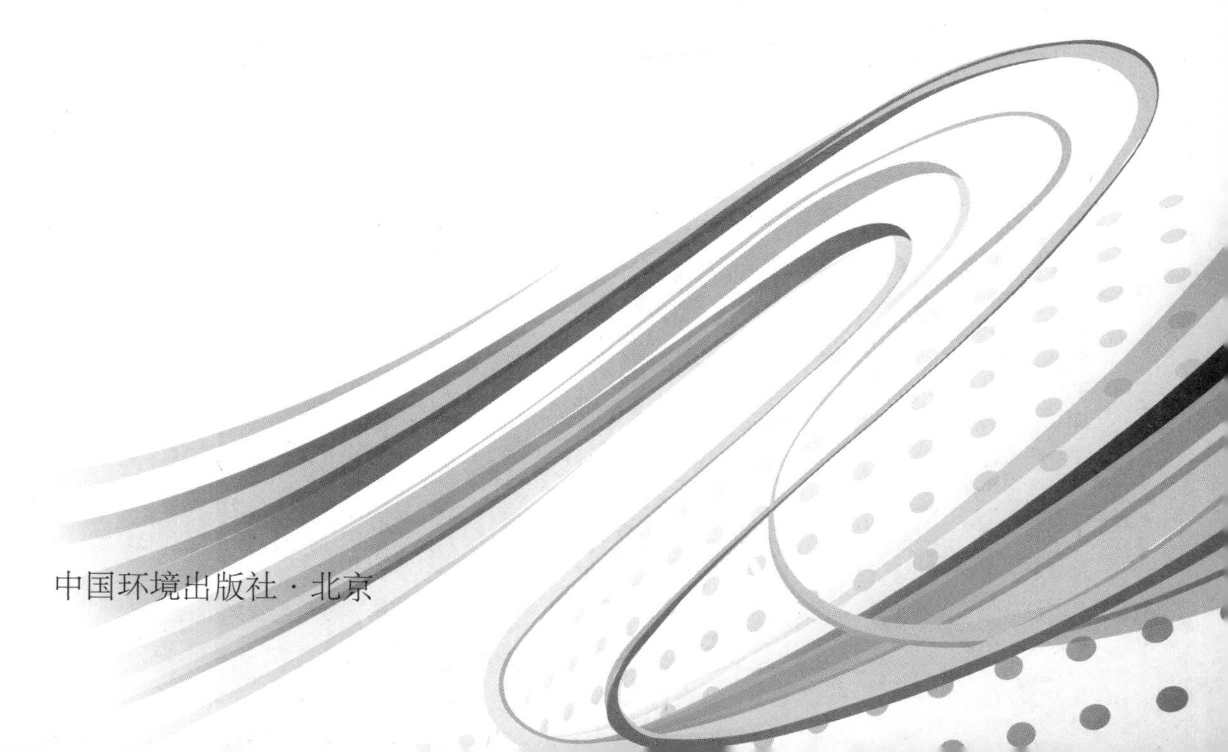

中国环境出版社 · 北京

图书在版编目（CIP）数据

水污染物排污收费政策评估与改革研究 / 高树婷，龙凤，杨琦佳编著. -- 北京 : 中国环境出版社，2013.12
ISBN 978-7-5111-1696-3

Ⅰ. ①水… Ⅱ. ①高… ②龙… ③杨…Ⅲ. ①水污染物—排污收费—政策分析 Ⅳ. ①X52

中国版本图书馆 CIP 数据核字（2013）第 309660 号

出 版 人　王新程
责任编辑　丁莞歆
文字编辑　金捷霆
责任校对　唐丽虹
装帧设计　金　喆

出版发行　中国环境出版社
（100062　北京市东城区广渠门内大街 16 号）
网　　址：http://www.cesp.com.cn
电子邮箱：bjgl@cesp.com.cn
联系电话：010-67112765（编辑管理部）
010-67175507（科技图书出版中心）
发行热线：010-67125803，010-67113405（传真）
印装质量热线：010-67113404
印　　刷　北京中科印刷有限公司
经　　销　各地新华书店
版　　次　2013 年 12 月第 1 版
印　　次　2013 年 12 月第 1 次印刷
开　　本　787×1092　1/16
印　　张　6.5
字　　数　130 千字
定　　价　25.00 元

水专项“十一五”成果系列丛书
指导委员会成员名单

主　任： 周生贤

副主任： 仇保兴　吴晓青

成　员： （按姓氏笔画排序）

王伟中　王衍亮　王善成　田保国　旭日干

刘　昆　刘志全　阮宝君　阴和俊　苏荣辉

杜占元　吴宏伟　张　悦　张桃林　陈宜明

赵英民　胡四一　柯　凤　雷朝滋　解振华

环境保护部水专项“十一五”成果系列丛书
编著委员会成员名单

课 题 名 称：中国水环境保护价格与税费政策示范研究

课 题 组 长：马　中

子课题名称：水污染物排污收费政策改革与试点研究

子课题组长：高树婷

课题组成员：葛察忠　龙　凤　杨琦佳　周　全　朱东海
孙贵丽　田淑英

总序

我国作为一个发展中的人口大国，资源环境问题是长期制约经济社会可持续发展的重大问题。在经济快速增长、资源能源消耗大幅度增加的情况下，我国污染排放强度大、负荷高，主要污染物排放量超过受纳水体的环境容量。同时，我国人均拥有水资源量远低于国际平均水平，水资源短缺导致水污染加重，水污染又进一步加剧水资源供需矛盾。长期严重的水污染问题影响着水资源利用和水生态系统的完整性，影响着人民群众身体健康，已经成为制约我国经济社会可持续发展的重大瓶颈。

水体污染控制与治理科技重大专项（以下简称“水专项”）是《国家中长期科学和技术发展规划纲要（2006—2020年）》确定的16个重大专项之一，旨在集中攻克一批节能减排迫切需要解决的水污染防治关键技术、构建我国流域水污染治理技术体系和水环境管理技术体系，为重点流域污染物减排、水质改善和饮用水安全保障提供强有力科技支撑，是新中国成立以来投资最大的水污染治理科技项目。

“十一五”期间，在国务院的统一领导下，在科技部、发展改革委和财政部的精心指导下，在领导小组各成员单位、各有关地方政府的积极支持和有力配合下，水专项领导小组围绕主题主线新要求，动员和组织全国数百家科研单位、上万名科技工作者，启动了34个项目、241个课题，按照“一河一策”、“一湖一策”的战略部署，在重点流域开展大攻关、大示范，突破1 000余项关键技术，完成229项技术标准规范，申请1 733项专利，初步构建了水污染治理和管理技术体系，基本实现了“控源减排”阶段目标，取得了阶段性成果。

一是突破了化工、轻工、冶金、纺织印染、制药等重点行业“控源减排”关键技术200余项，有力地支撑了主要污染物减排任务的完成；突破了城市污水处理厂提标改造和深度脱氮除磷关键技术，为城市水环境质量改善提供了支撑；研发了受污染原水净化处理、管网安全输配等40多项饮用水安全保障关键技术，为城市实现从源头到龙头的供水安全保障奠定科技基础。

二是紧密结合重点流域污染防治规划的实施，选择太湖、辽河、松花江等重点流域开展大兵团联合攻关，综合集成示范多项流域水质改善和生态修复关键技术，为重点流域水质改善提供了技术支持，环境监测结果显示，辽河、淮河干流化学需氧量消除劣V类；松花江流域水生态逐步恢复，重现大麻哈鱼；太湖富营养状态由中度变为轻度，劣V类入湖河流由8条减少为1条；洱海水质连续稳定并保持良好状态，2012年有7个月维持在II类水质。

三是针对水污染治理设备及装备国产化率低等问题，研发了60余类关键设备和成套装备，扶持一批环保企业成功上市，建立一批号召力和公信力强的水专项产业技术创新战略联盟，培育环保产业产值近百亿元，带动节能环保战略性新兴产业加快发展，其中杭州聚光研发的重金属在线监测产品被评为2012年度国家战略产品。

四是逐步形成了国家重点实验室、工程中心－流域地方重点实验室和工程中心－流域野外观测台站－企业试验基地平台等为一体的水专项创新平台与基地系统，逐步构建了以科研为龙头，以野外观测为手段，以综合管理为最终目标的公共共享平台。目前，通过水专项的技术支持，我国第一个大型河流保护机构——辽河保护区管理局已正式成立。

五是加强队伍建设，培养了一大批科技攻关团队和领军人才，采用地方推荐、部门筛选、公开择优等多种方式遴选出近300个水专项科技攻关团队，引进多名海外高层次人才，培养上百名学科带头人、中青年科技骨干和5 000多名博士、硕士，建立人才凝聚、使用、培养的良性机制，形成大联合、大攻关、大创新的良好格局。

在2011年“十一五”国家重大科技成就展、“十一五”环保成就展、全国科技成果巡回展等一系列展览中以及2012年全国科技工作会议和今年初的国务院重大专项实施推进会上，党和国家领导人对水专项取得的积极进展都给予了充分肯定。这些成果为重点流域水质改善、地方治污规划、水环境管理等提供了技术和决策支持。

在看到成绩的同时，我们也清醒地看到存在的突出问题和矛盾。水专项离国务院的要求和广大人民群众的期待还有较大差距，仍存在一些不足和薄弱环节。2011年专项审计中指出水专项“十一五”在课题立项、成果转化和资金使用等方面不够规范。“十二五”我们需要进一步完善立项机制，提高立项质量；进一步提高项目管理水平，确保专项实施进度；进一步严格成果和经费管理，发挥专项最大效益；在调结构、转方式、惠民生、促发展中发挥更大的科技支撑和引领作用。

我们也要科学认识解决我国水环境问题的复杂性、艰巨性和长期性，水专项亦是如此。刘延东副总理指出，水专项因素特别复杂、实施难度很大、周期很长、反复也比较多，要探索符合中国特色的水污染治理成套技术和科学管理模式。水专项不是包打天下，解决所有的水环境问题，不可能一天出现一个一鸣惊人的大成果。与其他重大专项相比，水专项也不会通过单一关键技术的重大突破，实现整体的技术水平提升。在水专项实施过程中，妥善处理好当前与长远、手段与目标、中央与地方等各个方面的关系，既要通过技术研发实现核心关键技术的突破，探索出符合国情、成本低、效果好、易推广的整装成套技术，又要综合运用法律、经济、技术和必要行政的手段来实现水环境质量的改善，积极探索符合代价小、效益好、排放低、可持续的中国水污染治理新路。

党的十八大报告强调，要实施国家科技重大专项，大力推进生态文明建设，努力建设美丽中国，实现中华民族永续发展。水专项作为一项重大的科技工程和民生工程，具有很强的社会公益性，将水专项的研究成果及时推广并为社会经济发展服务是贯彻创新驱动发展战略的具体表现，是推进生态文明建设的有力措施。为广泛共享水专项“十一五”取得的研究成果，水专项管理办公室组织出版水专项“十一五”成果系列丛书。该丛书汇集了一批专项研究的代表性成果，具有较强的学术性和实用性，可以说是水环境领域不可多得的资料文献。丛书的组织出版，有利于坚定水专项科技工作者专项攻关的信心和决心；有利于增强社会各界对水专项的了解和认同；有利于促进环保公众参与，树立水专项的良好社会形象；有利于促进专项成果的转化与应用，为探索中国水污染治理新路提供有力的科技支撑。

最后，我坚信在国务院的正确领导和有关部门的大力支持下，水专项一定能够百尺竿头，更进一步。我们一定要以党的十八大精神为指导，高擎生态文明建设的大旗，团结协作、协同创新、强化管理，扎实推进水专项，务求取得更大的成效，把建设美丽中国的伟大事业持续推向前进，努力走向社会主义生态文明新时代！

周生贤

2013年7月25日

序

2008年国家水体污染控制与治理科技重大专项设置了“水环境保护价格与税费政策设计与示范研究”课题，我担任了该项目的课题组长。排污收费制度是中国环境管理制度中最早建立并普遍实施的环境经济政策，是环境保护税费政策中的重要组成部分，因此我们在该课题中设置了“水污染物排污收费政策改革与试点研究”子课题，高树婷研究员主持了此项研究。《水污染物排污收费政策评估与改革研究》一书是在该项目研究成果基础上整理而成的。

本项目研究人员作了大量的实地调研和文献分析，通过回顾排污收费制度发展的历程以及执行现状的调查，分析梳理政策特征和执行特点，分析评估政策执行状况、效果及原因，提出的排污收费改革方案和环境税设计的建议，得到案例城市和主管部门的赞同，对未来排污收费政策的改革和环境税研究提供了重要的决策依据。

本研究采取了综合系统研究分析问题的思维框架，在政策实施评估中应用尚不多见。本研究对水污染物排污收费政策进行了评估，并结合成功度评价法对政策进行了评价，以此探索政策评估技术方法的新思路，同时研究发现排污收费政策问题。该方法在评估时将定性和定量相结合，全面考虑了政策从制定到执行过程中的内在逻辑关系以及外部影响因素，并考虑各个层次的权重和等级评价，对污水排污收费政策进行了既有层次又较全面的分析和评估，发现了政策在不同层面所存在的一些问题。

很高兴看到本书的出版，可以给从事环境政策研究的人员和大专院校的教师学生提供参考。

马　中

2013年8月于中国人民大学

前言

排污费在我国实施30多年来，经过不断的改革和发展，特别是2003年国务院对排污收费在全国范围内进行了改革，颁布了《排污费征收使用管理条例》，收费标准提高，从浓度收费向总量收费、由单因子向多因子收费转变，排污费资金实行收支两条线管理，资金全额纳入财政预算管理等，水污染物排污收费相关的法律法规体系已基本形成，为环保事业的发展做出了重大贡献。

目前，我国环境污染总体上仍处于“爬升”阶段，环境形势十分严峻。未来一个时期，我国经济还将处于重化工业阶段，环境污染的压力将继续增大。污水类排污费征收额及其在总排污费中所占的比例下降，排污费在环境保护中的作用也受到质疑；同时，排污收费资金的不合理使用和收费人员的违规行为给环保部门带来负面影响，排污费是否有存在的必要？排污收费如何发挥作用，应进行哪些方面的改革？随着公共财政体制的不断完善和促进可持续发展的财税体制的要求，环境税的呼声日渐增高，国务院节能减排综合性工作方案也提出了研究开征环境税的要求，那么，排污费是否要进行“费改税”？

本书通过回顾排污收费制度发展的历程以及执行现状的调查，分析梳理政策的特征和执行的特点，分析评估政策执行的状况、效果及原因，制定水污染物排放收费改革方案，通过案例研究测算，提出改革建议。全书是根据项目研究成果编写，共分7章。

第1章排污收费制度的理论基础：从排污收费的经济学原理到制度设计和政策效果的理论，概括介绍了资源价值理论、环境外部不经济性理论、污染损害补偿理论、污染者付费原则以及排污费政策的有效性理论。

第2章水污染物排污费制度概述：回顾分析了排污费制度实施30多年来的发展历程，经历了提出与试行、建立与实施、发展完善、改革实施和调整5个阶段，概括介绍了2003年国务院颁布了《排污费征收使用管理条例》后的政策体系及其发展。排污费由县级以上环境保护部门征收管理。污水排污费按照排污者排放污染物的种类、数量以污染当量计征，每一污染当量征收标准为0.7元；对每一排放口征收污水排污费的污染物种类数，以污染当量数从多到少的顺序，最多不超过3项。排污费的征收、使用必须严格实行“收支两条线”，征收的排污费一律上缴财政，环境保护执法所需经费列入本部门预算，由本级财政予以保障。国务院价格主管部门、财政部门、环境保护行政主管部门和原经济贸易主管部门制定国家排污费征收标准。

第 3 章国外水污染物排物收费 / 税政策研究：从水污染防治政策到经济手段的应用进行深入分析，通过案例分析进一步了解国外税费政策。OECD 国家排污费 / 税征收方式分为按照废水中各污染物的排放量征税、依据水污染物的数量和浓度折算成污染当量征税、废水总量三种。欧盟成员国中大多数都对污水处理厂征收排污费 / 税，荷兰、法国和比利时对间接排污的企业和个人都征收排污费 / 税，而对污水处理厂减免排污费。通过制定高额的排污费征收标准，促使排污企业不得不减少污染物的排放，同时制定系列的优惠税费政策，来激励排污企业提高自身的污水处理能力。

第 4 章现行水污染物排污收费政策评估：是本书的重点，以逻辑框架法为基础，按照战略目标、直接目标、政策产出和政策投入四个层次，采取社会调查法、统计分析法、对比分析法和成功度评价法等方法，对水污染物排污收费进行综合评估。评估结果表明：水污染物排污收费政策实现了原定的部分目标；相对成本而言，政策只取得了一定的效益和影响，在水污染防治中起到了一定的作用，水污染排放量有所减少。排污费制度本身的局限性表现如下：一是强制性不足；二是对企业责任重视不够；三是覆盖范围窄；四是收费标准偏低。同时，执行过程中存在执法不严、执法能力需要加强、征收程序繁琐和核定方法难以统一等问题。

第 5 章排污收费政策改革研究：全面分析我国水污染防治的形势，分析排污费与其他环境管理制度的关系，提出排污费政策改革和排污费改税两个方案，并进行比较。

第 6 章案例研究：以合肥市为案例，分析水污染状况和排污收费现状，根据第 5 章提出的改革方案进行测算分析，为排污费改革提供实际支持。

第 7 章结论与建议：研究认为排污费仍然是水污染防治的重要手段，但是排污费的筹集资金功能有弱化趋势，排污收费制度本身有一定局限性，政策实施缺乏足够的配套支持能力，水污染物排污费的“费改税”需要克服的难点是将面临税收规模下降、激励作用如何体现、技术支持及环境管理协调等几个方面的挑战。建议理顺排污费与污水处理费的关系，将城镇污水处理厂纳入排污费征收范围，与其他排污企业同等对待；研究制定“污染物排放量核算方法及企业缴费评估指南”；提高排污费征收标准，并每年随着物价指数动态调整；针对小型企业简化征收程序，加强企业申报登记管理等。排污费改税研究需要加强政策协调、计税依据、部门配合、税收优惠以及税收影响等方面的研究；在现行排污费征管范围外，将其他影响水环境质量的环境生态问题纳入环境税研究领域，如农业面源污染、污水处理厂排污等问题。此外，还应加强环境保护部门的能力建设。

书中不足和错误之处还望读者提出批评和指正。

目录

1 排污收费制度的理论基础

排污收费是世界各国在环境保护中最为通用的一种经济手段，是针对排污者向空气、土壤和水排放废弃物或产生噪声而征收的费用。排污收费是对生产过程的收费，收费数额同排放的污染物的数量、质量和对环境造成的损失有关。排污收费制度为人们治理环境污染提供了理论依据。在这个方案下，管理部门对向环境排放的每一单位污染物征税或收费。排污收费制度设计的理论基础有环境经济学的资源价值理论、环境问题的外部不经济性理论，以及由此而形成的污染者付费原则等。

1.1 环境资源价值理论

环境资源价值理论的核心是“环境是一种资源，环境资源具有稀缺性，解决资源稀缺性的方法是付出劳动使其再生，付出劳动的产物应具有价值”。

1.1.1 环境资源的稀缺性

环境是人类生存的基本条件，也是社会发展的物质资源。社会生产归根结底是从环境中获取资源，加工成为人们所需要的生产资料和生活资料，为人类创造物质文明和精神文明，所以说环境是一种资源。当今世界，随着人口的增长和社会生产力的发展，对环境资源的获取越来越大，因而，环境资源有限性的特点表现得日益突出。比如，全世界很多城市出现了水荒，我国许多城市也面临着严重缺水的问题；空气质量状况下降，发生严重的空气污染事件；水土流失和沙漠化等。因此，环境资源具有稀缺性。

1.1.2 环境资源的价值

虽然环境资源具有稀缺性，但在人们环境意识不高的情况下，对环境资源的开发和利用是毫无节制，并带有掠夺性的。超出环境承受能力的开发和利用环境资源就会形成环境污染和生态破坏，受到环境的惩罚。要摆脱环境的惩罚，就必须保护环境和生态，治理污染，减少利用再生环境资源，这就要付出劳动，需要付出劳动才能得到的产物在经济学上就应该是有价值的。

1.1.3 环境资源是归国家所有的公共物品

环境资源具有两个明显特性：一是消费的不可分性或无竞争性；二是消费中无排他性。像天空中清新的空气、河流里洁净的水、周围无噪声的宁静、埋在地下的矿藏等环境资源，具有部分或全部上述特征。环境资源是公共物品，它不能严格地划分所有权或使用权，只能为在这个环境生存的群体所共有，所以，环境资源只能为国家所有。由于环境资源具有稀缺性，这种作为公共物品的环境资源也应实行有偿使用。

1.2 环境问题的外部不经济性

在经济学中，环境污染被定义成为一种外部不经济性。所谓外部不经济性是指当一个生产经营单位（或消费者）采取的行动使他人付出了代价而他人又不能得到补偿时就产生了外部不经济性。

1.2.1 外部性

经济学上的外部性可简单地理解为对外部的影响作用，即一个生产经营单位（或消费者）所采取的行动，在客观上对外部产生了一定的影响，使其他的生产经营单位或消费者受益或受损，则原生产经营单位（或消费者）所采取的行动具有外部性。

1.2.2 外部不经济性

当一个生产经营单位（或消费者）采取的行动使外部其他生产经营单位或消费者得到益处，这种现象为外部经济性；相反，当一个生产经济单位（或消费者）采取的行动使外部其他生产经济单位或消费者受到损失，这种现象为外部不经济性。排污单位向环境排放污染物，造成环境污染，使其他的单位或个人因此而受到损失，且又得不到补偿，就存在外部不经济性问题。

1.2.3 外部不经济性内部化

所谓环境外部不经济性内部化，就是使生产者或消费者所产生的外部不经济性的费用，进入它们的生产和消费决策。为了使外部不经济性内部化，从目前环境政策领域已实施的手段来看，主要有两种方法。

一是对污染的直接管制。通过制定环境法规或标准，使污染物的排放必须达到规定的标准或指标，否则就要受到严厉的惩罚。这种方法是基于环境是一种稀缺的国家资源，排污者必须在国家允许的范围内使用国家环境资源。需要注意的一点是，特定区域的空气和水环境的质量标准与附加于污染源的排放标准（如排放浓度和污染物总量标准）是有明显区别的。从经济学观点来看，在制定质量标准前，应该进行详尽的费用—效益调查分析，使环境效果和经济效果两者之间不致产生很大的偏离。目前流行的“一刀切”的排放标准，虽然表面上看来是一种公平的表现，但它并不是以最低费用来减轻污染达到质量标准的方法。降低污染物排放的费用在众多的污染源之间可能是大不相同的，这就使得直接管制具有缺乏效率的缺陷。同时，直接管制还会遇到管理和执行方面的问题。排污者在利润或产值最大的刺激下，有时故意拖延或不执行有关规章条例，或者费尽心机打“擦边球”，这种故意钻政府空子的情况常常获胜。在这种情况下，就必须寻找其他可以代替的有效措施与直接管制相结合。

二是经济刺激手段。排污收费/税是这类方法中最典型、应用最广的一种，由英国经济学家庇古（Arthur C.Pigou）在其《福利经济学》中提出。由于部分社会成员（包括个人或企事业单位）在其生产环节、产品流通环节和消费环节污染了属于社会全体成员共有的环境资源，把进行治理的负担实际上转嫁给全社会，造成外部的不经济性。为了将这种外部不经济性内部化，国家就可以将排污者原就应该支付而实际上未支付的污染防治费用，通过排污费的形式进行收缴，这也是环境资源价值的一种体现。这样可通过制定能充分体现环境资源价格的合理费率，以促进环境资源的有效使用和合理配置。

1.3 污染损害的补偿理论

环境恶化实际上是环境资源的过度利用，其原因是因为环境资源的使用费未进入生产成本核算。在多数情况下，这些环境资源历史上曾很丰富，使用时不需或很少支付费用，因而也不需要分配机制。而现在这些资源正在逐渐变得稀缺，若不引入市场，在缺乏有效限制的情况下，像空气和水这类公共环境资源，完全被当做免费使用，私利的个体或本位行为就不会保护这类公共性的物品，而是任意滥用导致其变成废物，甚至经常毁坏公共的环境资源，因为没有任何使用者会主动限制自己使用这些免费的环境资源或改善资源状态。从另一方面讲，环境资源的破坏，仅是排污者所求得的“内部的经济性”，至于外部的“不经济性”则由社会承担了。因此，社会要求污染者对造成“外部不经济性”的行为承担经济责任完全是应该的。排污单位要么花费用投资，治理污染，要么对仍在继续发生的污染以缴纳排污费的形式补偿环境资源的损失。因此征收排污费体现了环境资源的价值，收费标准则是环境资源的价格。尽管收费不能真正反映补偿环境资源的价值，但这种补偿作用可使环境资源使用者改变排污行为，有效地利用越来越稀缺的环境资源。政府可以通过调节环境资源的补偿费用，让生产者或消费者在抉择自身利益的时候，将环境资源的费用考虑进去，使环境问题的外部不经济性问题内部化。

1.4 污染者付费原则

“污染者付费原则”（简称 PPP 原则）是 1972 年由经济合作与发展组织（OECD）首次提出的。污染者付费，就是由污染者承担因其污染所引起的损失，即污染费用。这种观念形成于 20 世纪 60 年代末期。其出发点是，商品或劳务的价格应充分体现生产成本和耗用的资源，包括环境资源。因此，污染所引起的外部成本，有必要使其内在化，而由污染者承担。一般污染费用有两种衡量标准：一是防治费用，即控制、清除和预防污染的防治费用；二是补偿费用，即补偿因污染所引起的全部损失的费用。PPP 原则的提出为环境外部成本该由谁来负担提供了依据。此后，OECD 又分别在 1974 年和 1985 年对 PPP 原则的定义作了修正和完善，并扩大了PPP原则的内涵。PPP原则进一步扩展到环境服务领域，即在“污染者付费原则”的基础上扩展出“使用者付费原则”（User Pays Principle，简称UPP原则）。如对于那些污染排放量很小、自行处理又不是很经济的污染排放者来说，最经济有效的办法就是利用污染集中处理设施进行集中处理。这样，污染排放者就转变成了集中处理设施的使用者，在这种情况下，PPP原则就演变成UPP原则。PPP原则作为环境保护领域中的一个基本环境经济政策原则逐渐得到各国公认，并加以实践应用。

1.5 排污费的有效性理论

从经济学家的立场看，环境收费的基本目的是建立一个有效的分配环境资源的新市场。缺乏这种市场是环境问题的主要根源。排污者把未经处理的废物排入大气和水中，不考虑这种行为产生的高昂代价，是因为这样做在经济上对他们有利。他们使用其他资源要受市场价格或市场条件的约束，使用环境资源却可以不受这种约束。排污收费就是要把环境资源引入市场的一种重要措施。

市场体系在有效配置资源方面的成功取决于生产者和消费者个体自身利益的最大化。在这种情况下，自由发挥功能的市场体系，能够有效地利用所有资源。外部不经济性经常使市场机制停止发挥作用，但在环境资源未进入市场体系情况下，外部性对于被称为环境舒适性的非市场性商品（即环境资源）的有效配置有非常明显的影响。这是因为在一个许多生产者和消费组成的竞争市场中，生产者或消费者仅通过对产品市场价格和生产费用的比较生产或消费产品，而很少考虑外部性问题。

当排污收费把环境资源引入市场体系后，政府可以直接对所有利用像空气、水等类似资源而产生外部费用的活动制定价格或收费，这将要求那些欲把污染物排入大气或水体而占用公共环境资源的活动支付费用，因此，排污收费将使环境资源与市场上的其他资源一样，通过价格作用达到有效配置。

以什么样的价格来收费，才能发挥收费应有的作用，原则上政府对破坏性利用环境的行动制定价格，应以这些活动产生的外部费用高低为依据。理想状态下，以外部费用为基础的收费接近于纯粹竞争市场对资源产生的价格，但理想状态实际上是不可能实现的。一般来说，对损害环境活动收取费用理论上应是使污染减少费用的增加量和由此产生的损害费用的减少量相均的价格。如果收费率定得过低，所达到的污染控制水平将不是最优的。因为在污染控制方面多花一个单位的投资，减少的损失费用就会超过一个单位。另一方面，如果收费率定得过高，用于控制的附加费用将超过其效益。如果能够确定每种损害环境活动的最优价格水平，这就会对个人和社会产生的结果经济合理，促使环境资源在市场体系中的有效配置，从而使排污收费手段达到比行政的直接管制手段更为理想的经济效率。

2 水污染物排污收费制度概述

排污收费制度是借鉴国外“谁污染谁治理”和“市场公平”的原则，根据我国经济发展的特点逐步改革和完善的一项全国性环境经济政策，指国家环境保护行政主管部门对向环境排放污染物或者超过国家或地方排放标准排放污染物的排污者，按照所排放的污染物的种类、数量和浓度征收一定的费用的管理制度。具体征收范围包括废气、废水、废渣、噪声，征收排污费的标准依据国家制定的《排污费征收管理条例》规定，按照排放总量确定。

2.1 水污染物排污收费政策的发展历程

排污收费制度起源于工业发达国家，在 PPP 原则（污染者负担原则）指导下，OECD 成员国及其他一些国家和地区相继实行了污水类排污收费制度。早在 1904 年德国就在鲁尔流域实施了废水排放收费，法国和荷兰在 20 世纪 60 年代开征污水排污费。我国对排污费制度起步较晚，从 1978 年首次提出排污收费制度至今已有 30 多年的历史，排污费征收制度经历了提出和试行、实施和发展、发展完善、全面改革与实施、总结和调整 5 个阶段。

2.1.1 提出和试行阶段

从 1972 年派代表团出席联合国人类环境会议到 1973 年召开了第一次全国环境保护会议，中国开始认识到环境问题及其严重性，于是发布了《关于保护和改善环境的若干规定（试行）》（国发 [1973]158 号）。1978 年的《环境保护工作汇报要点》首次提出了实行“排放污染物收费制度”，1979 年的《中华人民共和国环境保护法（试行）》在法律上确定了排污费制度，明确规定对超过国家规定标准排放污染物，要按照排放污染物的数量和浓度，根据规定收取排污费。1981 年在全国 20 多个省、市、自治区逐步实行排污收费试点工作。

这一时期，环境保护事业发展极其缓慢，1974 年 10 月 25 日，国务院环境保护领导小组正式成立。在工业污染治理、“三废”综合利用、城市的消烟除尘等方面做了一些工作，取得了一定的成绩，但这一时期主要是简单模仿西方国家的做法。

2.1.2 实施和发展阶段

1982 年国务院在总结排污收费试点经验的基础上，颁布《征收排污费暂行办法》（国发 [1982]21 号），我国排污收费制度正式建立，并在全国普遍实行。《办法》对征收水污染物排污费的目的、范围、标准、加收和减收条件、费用的管理与使用等作了具体规定。

明确了超标废水的污染因子 20 项，污水超标排污费按污水浓度超标倍数征收，3 年后仍超标排放的每年提高 5% 的标准收费。1991 年又对排污费征收标准进行了修订，超标废水的污染因子增加至 29 项。

这一时期环境保护队伍不断发展，1982 年 5 月 4 日，由国家城市建设总局、国家建筑工程总局、国家测绘总局和国家基本建设委员会的部分机构，与国务院环境保护领导小组办公室合并，成立城乡建设环境保护部。在 1983 年召开的第二次全国环境保护会议上，确定将环境保护作为我国的一项基本国策，提出了“经济建设、城乡建设、环境建设要同步规划、同步实施、同步发展，实现经济效益、社会效益、环境效益的统一”的战略方针。1988 年城乡建设环境保护部撤销，改为建设部。环境保护部门分出成立国家环境保护局，升格为国务院直属局。

2.1.3 发展与完善阶段

1993 年由国家计委、财政部发布的《关于征收污水排污费的通知》（计物价 [1993]427 号）规定一切向水体排放污染物的企业、事业单位和个体经营者，即使是达标排放也要缴纳污水排污费，收费标准为 0.05 元 /t。第一次开征了污水排污费，实现了由超标收费到排污即收费的转变。1998 年成立国家环境保护总局，环境监理执法队伍初步建立并发展壮大，至 2003 年底，全国环境监理人员 44 250 人。

2.1.4 全面改革实施阶段

2003 年 1 月，国务院颁布了《排污费征收使用管理条例》（国务院令第 369 号），《条例》明确规定按污染物排放总量和污染物排放标准相结合的方式征收排污费，这是中国排污收费制度进一步完善的重要标志。同年 2 月国家发展计划委员会、财政部、国家环境保护总局、国家经济贸易委员会联合发布了《排污费征收标准管理办法》（第 31 号令），自 2003 年 7 月 1 日起施行，以行政法规的形式确立了市场经济条件下的排污收费制度，进一步规范了排污费的征收、使用、管理。《排污费征收标准管理办法》附件中给出了不同污染物的计量和收费标准。其中废水类主要包括：废水的污染因子由 1991 年的 29 项增加至 60 种一般污染物和 pH、色度等特殊污染物；对每一排污口征收污水排污费的污染物种类数以污染当量从多到少的顺序（最多不超过 3 项），每一污染当量征收标准为 0.7 元（国家排污收费制度改革研究项目建议 1.4 元 / 污染当量）；超过国家或者地方规定的水污染物排放标准的，按照污染物的种类、数量和《排污费征收标准管理办法》规定的收费标准计征的收费额增加 1 倍征收超标排污费等。实现了由单因子超标收费向浓度与总量相结合收费，由超标收费改为排污即收费、超标加倍收费的转变。3 月财政部和国家环境保护总局联合公布《排污费资金收缴使用管理办法》（第 17 号令），自 2003 年 7 月 1 日起实施，自 2005 年 7 月 1 日起，二氧化硫收费标准到位（0.6 元 / 污染当量）。财政部、国家环境保护总局发布《关于环保部门实行收支两条线管理后经费安排的实施办法》（财建 [2003]64 号），规定排污费不得用于环保机构自身建设的规定，在东部地区（北京市、上海市、天津市、辽宁省、山东省、浙江省、江苏省、福建省、广东省）应当一步到位，中西部地区可以 3 年到位。从 2006 年开始，有关环保机构经费全额纳入同级财政预算，不得再从排污费中列支，排污费收入全部用于环境污染防治。

2. 1. 5 总结和调整阶段

经过几年的运行，排污费政策逐步落实到位，其效果及其实施中存在的一些问题逐渐显现，环境保护的形势和任务更加紧迫，特别是“十一五”两个约束性指标的提出，节能减排的任务面临重大挑战。2007 年国务院节能减排综合性工作方案提出“提高收费标准”以及“研究开征环境税”。2007 年江苏省率先在全国提高了排污费征收标准，从 2007 年 7 月 1 日起，污水排污费征收标准由每污染当量 0.7 元提高到 0.9 元，到 2010 年底已有十几个省市不同程度地提高了收费标准，见表 2-1。同时，排污费改税成为一重要议题，湖北省 2007 年开始实施了排污收费征管改革，为进一步完善水污染物排污收费制度奠定了基础。

表 2-1 部分省市水污染物排污费征收标准调整情况

省市	提标时间	提标标准	文件号
辽宁	2010 年 8 月 1 日	COD 排污费征收标准由每千克 0.7 元调整至每千克 1.4 元	辽价发 [2010]77 号
山东	2008 年 7 月 1 日	废水排污费征收标准由每当量 0.7 元提高到每当量 0.9 元；实行污水超标排放加价政策。计算公式为：排污费征收额 =0.9× 污染物排放总当量 ×（最大超标倍数＋ 1）	鲁价费发 [2008]105 号
上海	2008 年 6 月 1 日	每污染当量 0.70 元提高至 1.00 元；加大对直接排污者超标排污的制约力度，超过国家或本市规定的排放标准一倍以内的（含一倍），加一倍计征超标准排污费；超过排放标准一倍以上的，加三倍计征超标准排污费	沪价费 [2008]008 号
河北	2008 年 7 月 1 日	污水 COD 排污费征收标准由 0.70 元 / 污染当量提高到 1.1 元 / 污染当量	冀价经费 [2008]36 号
	2009 年 7 月 1 日	污水 COD 排污费征收标准提高到 1.4 元 / 污染当量	
广东	2010 年 4 月 1 日	COD 排污费征收标准每污染当量由 0.70 元提高到 1.40 元	粤价 [2010]48 号
广西	2009 年 1 月 1 日	COD 排污费征收标准每污染当量由 0.70 元提高到 1.40 元	
江苏	2007 年 7 月 1 日	污水排污费征收标准，由 0.7 元 / 污染当量，提高到 0.9 元 / 污染当量	苏价费 [2007]206 号 苏财综 [2007]40 号
	2010 年 10 月 1 日	湖流域污水排污费征收标准由 0.9 元 / 污染当量提高到 1.4 元污染当量	苏价费 [2010]306 号 苏财综 [2010]64 号

2008年修订施行的《中华人民共和国水污染防治法》中规定：违反本法规定排放水污染物超过国家或者地方规定的水污染物排放标准，或者超过重点水污染物排放总量控制指标的，由县级以上人民政府环境保护主管部门按照权限责令限期治理，处应缴纳排污费数额二倍以上五倍以下的罚款。这项规定相对于超标加倍处罚排污费又加大了违法处罚力度，但这项罚款不再纳入污水排污费范畴。该法还规定向城镇污水集中处理设施排放污水、缴纳污水处理费用的，不再缴纳排污费。城镇污水集中处理设施的出水水质达到国家或者地方规定的水污染物排放标准的，可以按照国家有关规定免缴排污费。

2.2 现行水污染物排污收费制度的征管用规定

现行的排污收费制度，与旧办法（指国务院《征收排污费暂行办法》等）相比，在征收对象、收费标准、管理使用等方面均发生了重大变化：①将征收对象改为向环境直接排放的排污者；②规范征收程序；③排污即收费，排污费收费标准从原来的超标排放收费改变为按污染物的种类、数量的方式征收排污费，对于超标排放的加倍征收；④征收管理体制由三级收费、三级管理改为属地收费、分级管理，强化了上级环境保护部门对下级排污收费的稽查职能；⑤排污费资金实行“收支两条线”管理、明确资金全额纳入财政，列入环境保护专项资金进行管理。

2.2.1 征收对象

《条例》规定直接向环境排放污染物的单位和个体工商户，应当依据本条例的规定缴纳排污费。污水排污费按排污者排放污染物的种类、数量以污染当量计征，即对污染物的排放量征收。改变了之前对于超标的污水征收办法。

2.2.2 征收程序

《条例》中明确了规范化的征收程序为申报、审核、核定和征收四个阶段，具体流程如图2-1所示。若排污者不按规定缴纳排污费，根据《条例》第二十一条规定，负责征收排污费的环境保护行政主管部门应该责令其限期缴纳排污费。对逾期拒不缴纳的排污者，环保部门可以依法给予行政处罚，对拒不履行缴纳义务的排污者，环保部门可以依法申请法院强制征收。

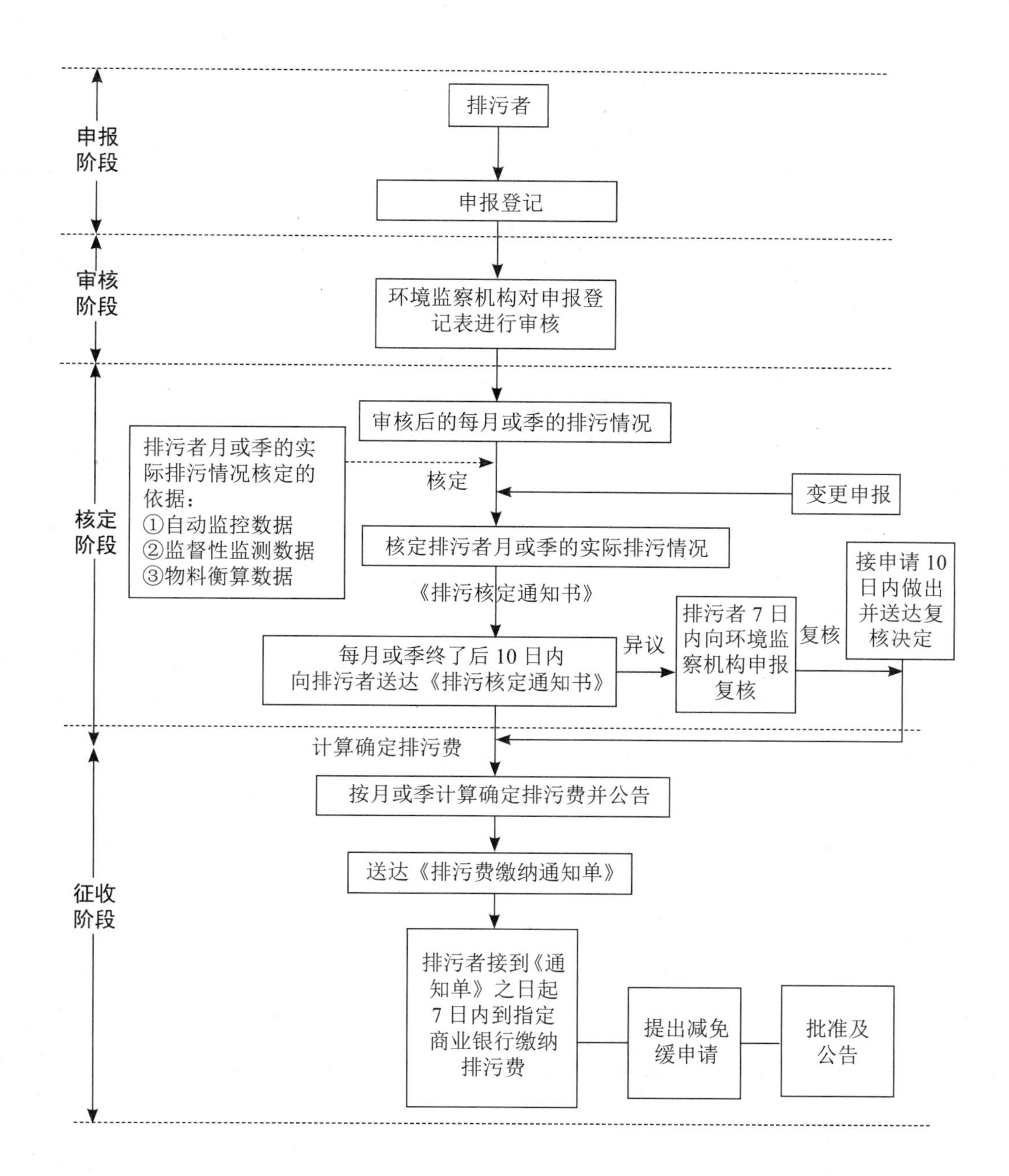

图 2-1 排污费征收流程

2.2.3 总量收费

现行污水排污费实行多因子总量收费，应按月或季对排污者申报的排污量进行核定，排污费实行三因子总量收费，需将各种污染物的排污量换算成 COD 污染当量数，综合比较各污染物的污染当量，取前三项再进行计算。而对于特殊污染物、pH、色度、总大肠杆菌、余氯量四种污染物实行不超标不征收、超标才征收排污费。污水类排污费费额 =0.7 元 ×

前 3 项污染物的污染当量之和，对超过国家或者地方规定排放标准的污染物，除征收该种污染物排污费外，还处 2 ～ 5 倍罚款。《条例》第九条规定：负责污染物排放核定工作的环境保护行政主管部门在核定污染物排放种类、数量时，具备监测条件的，按照国务院环境保护行政主管部门规定的监测方法进行核定；不具备监测条件的，按照国务院环境保护行政主管部门规定的物料衡算方法进行核定。第十条规定：排污者使用国家规定强制检定的污染物排放自动监控仪器对污染物排放进行监测的，其监测数据作为核定污染物排放种类、数量的依据。国家环保总局《关于排污费征收核定有关工作的通知》（环发 [2003]64 号）规定，对污染物的种类、数量核定按照下列顺序进行：自动监控仪器的监测数据、监督监测数据、物料衡算方法计算所得物料衡算数据以及环境监察机构采用抽样测算的办法核算的排污量。

2.2.4 征收管理体制

征收管理体制由三级收费、三级管理改为属地收费、分级管理，强化了上级环境保护部门对下级排污收费的稽查职能。国家排污费征收标准由国务院价格主管部门、财政部门、环境保护行政主管部门和经济贸易主管部门，根据污染治理产业化发展的需要、污染防治的要求和经济、技术条件以及排污者的承受能力制定。国家排污费征收标准中未作规定的，省、自治区、直辖市人民政府可以制定地方排污费征收标准，并报国务院价格主管部门、财政部门、环境保护行政主管部门和经济贸易主管部门备案。

2.2.5 排污费的使用管理

在排污费的使用方面，《环境保护法》第十二条规定，我国排污费的使用必须用于污染的防治，不得挪作他用，具体使用办法由国务院规定。《条例》规定排污费的征收、使用必须严格实行“收支两条线”，征收的排污费一律上缴财政，环境保护执法所需经费列入本部门预算，由本级财政予以保障。排污费必须纳入财政预算，列入环境保护专项资金进行管理，主要用于重点污染源防治、区域性污染防治、污染防治新技术、新工艺及国务院规定的其他污染防治项目等。

2.3 水污染物排污收费相关法规

《中华人民共和国环境保护法》、《中华人民共和国水污染防治法》、《排污费征收使用管理条例》等一系列法律法规为水污染物排污费的征收提供了法律依据和技术依据，对征收排污费的目的、对象和征收标准以及排污费的使用等内容作了详细规定。

2.3.1 与水污染物排污收费相关的法律

中国有关征收水污染物排污费的立法包括《环境保护法》、《水污染防治法》、《海洋环境保护法》等。

（1）《环境保护法》。1989年七届全国人民代表大会通过《中华人民共和国环境保护法》，此法第二十八条、第三十五条和第三十九条对不按相关规定交纳排污费的单位和个人根据情节予以警告、罚款或者责令停业、关闭等处罚。水污染防治法另有规定的，依照水污染防治法的规定执行。

（2）《水污染防治法》。我国第一部《水污染防治法》于1984年11月1日施行，1996年5月该法进行第一次修订，2008年再次修订了《水污染防治法》。新《水污染防治法》第二十四条明确规定直接向水体排放污染物的企业事业单位和个体工商户，应当按照排放水污染物的种类、数量和排污费征收标准缴纳排污费。排污费应当用于污染的防治，不得挪作他用。该法在城镇水污染防治中规定，对违反本法规定，排放水污染物超过国家或者地方规定的水污染物排放标准，或者超过重点水污染物排放总量控制指标的，由县级以上人民政府环境保护主管部门按照权限责令限期治理，处应缴纳排污费数额二倍以上五倍以下的罚款。

（3）《海洋保护法》。该法第十一条规定，直接向海洋排放污染物的单位和个人，必须按照国家规定缴纳排污费。向海洋倾倒废弃物必须按照国家规定缴纳倾倒费。根据本法规定征收的排污费、倾倒费，必须用于海洋环境污染的整治，不得挪作他用。

2.3.2 与水污染物排污收费相关的法规和规章

（1）《水污染防治法实施细则》。根据《水污染防治法》制定了此实施细则，该细则第四条规定向水体排放污染物的企业事业单位，必须向所在地的县级以上地方人民政府环境保护部门提交《排污申报登记表》。第三十八条第三项规定不按照国家规定缴纳排污费或者超标排污费的，除追缴排污费或者超标排污费及滞纳金外，可以处应缴数额50%以下的罚款。

（2）《排污费征收使用管理条例》。2003年1月，国务院颁布了《排污费征收使用管理条例》（国务院令第369号），明确按污染物排放总量和污染物排放标准相结合的方式征收排污费。相比1982年的《征收排污费暂行办法》，此条例进一步规范了对排污费的征收、使用和管理，是排污费制度的专项法规。

为配合《排污费征收使用管理条例》的实施，环境保护部、财政部、国家计委等发布了一系列部门规章，如《排污费征收标准管理办法》、《关于排污费征收核定有关工作的通知》、《排污费资金收缴使用管理办法》和《关于减免及缓缴排污费有关问题的通知》等。各省、直辖市、自治区也可根据地方的具体情况制定地方性法规，主要包括排污费征收标准的调整；执行国家法律法规条文的具体规定，如《河北省排污费征收使用管理实施办法》、《广东省排污费征收使用管理办法》等。

2.3.3 与水污染物排污收费相关的水环境标准

水环境标准是水污染防治法中的技术规范，它包括水环境质量标准、水污染物排放标准、水环境方法标准等。新的排污收费制度提出了排污即收费、三因子总量收费、超标要加倍收费等改革，因此水环境标准是污水类排污收费体系不可缺少的有机组成，是污水类排污收费的依据。水污染物排放标准体系的制定和实施，进一步完善了中国现行水污染物排放政策体系，促进了中国水环境保护和水污染防治管理工作的顺利开展。

水环境质量标准。是为保护人体健康和水的正常使用对水体中污染物和其他物质的最高容许浓度所作的规定。我国的水环境质量标准由多个标准组成，主要包括《地表水环境质量标准》（GB 3838—2002）、《地下水水质标准》（GB/T 14848—1993）、《海水水质标准》（GB 3087—1997）、《农田灌溉水质标准》（GB 5085—1992）等。

水污染物排放标准。是国家为保护水环境而对人为污染源排放出废水的污染物浓度或总量所作的规定。我国已颁布的水污染物排放标准有《污水综合排放标准》（GB 8978—1996）、《城镇污水处理厂污染物排放标准》（GB 18918—2002）、《污水海洋处置工程污染物控制标准》（GB 18486—2001）及某些重点工业水污染物排放标准等。

3 国外水污染物排污收费/税政策研究

3.1 水污染防治政策体系

随着经济的发展和社会的进步，世界各国几乎都存在不同程度的水污染问题，但由于各国问题的表现形式和程度不同，解决的途径也各不相同。在过去的几十年里，各国都努力地寻找解决的办法，包括：①从传统上的部门分割管理转向与各部门政策相结合的综合管理；②制定新的法律和制度框架；③越来越多地采用市场经济手段；④通过新技术应用等多种手段减少污染物的排放；⑤鼓励公众和利益相关者参与。

本节主要介绍了欧盟和美国水污染控制政策的制定和历程。欧盟在水资源管理经历了水质标准制定阶段、排污限制阶段和综合管理阶段，而美国则是基于日最大负荷（TMDLs）的总量控制给点污染源排放发放许可证。它们在水资源管理和污染控制方面都非常有典型性，也取得了不错的效果，可以为中国的政策制定提供很多的借鉴作用。

3.1.1 欧盟水污染防治政策

欧盟水资源管理政策的发展对我国跨边界河流水资源管理有重要的意义和启示作用。欧盟对水环境保护和污染控制问题十分重视，先后颁布了若干个涉及水环境保护和污染控制的政策指令。欧盟水立法的第一波浪潮起于1975年，先后颁布了饮用水指令、浴场水质指令和地下水水质标准等，这些标准主要是以控制水中危险物指令的形式规范了水质标准。第二波起于1988年，颁布了城市污水处理指令、杀虫剂指令和硝酸盐指令，这些立法突破了传统的立法模式，意图将水政策与其他领域的政策相结合。

《城市废水处理指令》为城市废水处理厂规定了基本的排污限制标准，提出城市污水要进行二级（生物）处理。各成员国可通过实现更有效的降解养分来确定其“敏感区域”，他们可以自行决定如何定义“敏感区域”，这些废水处理设备必须包括能降低营养物质含量（磷和氮）的特殊处理方法。在欧盟的一些国家（如德国），该指令导致了消费者费用的额外增加，在其他的国家（如葡萄牙），重要的调查研究费用由欧盟建设基金支付。《硝酸盐指令》的目的是解决欧洲水域富营养化，高浓度的养分导致了水域的营养化，而这些养分主要源于农业上过多使用的化肥。《硝酸盐指令》就是要针对这些农业中分散的硝酸盐源而颁布的，该指令意图降低化肥的使用。为实现这一任务，各成员国必须规定包括使用化肥在内的“良好农业行为”。

《水框架指令》（Water Framework Directive，WFD）于2000年正式颁布，它合理

更新和归纳了现存的水法，为流域提供了水管理方法，是欧盟水政策和立法方面的一个新指令。

WFD的重要特色是它的综合性，或者说“一体化”的思维方法。按水的自然属性，WFD强调地表水—地下水—湿地—近海水体的一体化管理，以及水量—水质—水生态系统的一体化管理；按照水的社会属性，WFD强调各行业的用水户和各利益相关者的综合管理。其目标是在2015年使欧盟境内的所有水体状态达到“良好”的标准。在污染控制方面，成员国均应采用统一的排放标准，并采用最新的环保技术（针对点源污染），或最好的环保实践（针对非点源污染）。如果需要让受污染的水体达到水质标准，应当采取更为严格的污染控制措施。另外，欧盟还将采取进一步措施减少有害物质的排放，尤其要避免剧毒物质的排放。

WFD也是欧盟第一个明确利用经济手段来实现水环境保护和水资源可持续发展的政策指令。在指令的第5条“经济分析”与第9条“费用全面覆盖”进行了阐述。第5条经济分析，主要对水事活动需要的投入进行必要的分析。比如供水的费用、价格以及供水过程中的保障服务、相关投资等，为将来确定合理的水价政策做好基础准备工作。第9条则明确指出污染者付费原则，即水资源使用者（如：企业、农民和居民等）需要支付水功能服务的全部费用，即水资源供给和污水处理设备的运营和维护费用与用于基础设施的投资费用（如：饮用水的供给费用，灌溉，水利发电站的蓄水费用和废水处理费用等）。在水框架指令逐步实施以后，水资源使用者需额外支付环境费和资源费。环境费是指在水资源利用上对生态环境系统造成破坏所需支付的赔偿金，如污水排放对河流中生物的破坏。资源费将根据可用水资源的总量来计算，当水资源被污染的比例增加，则相对其他水资源使用者来说，可用的水资源总量减少，使用者将不得不支付高额的资源费。

水框架指令涉及面广，执行起来有一定的难度。欧盟委员会环境总署为了帮助各国更好地执行这一指令，专门组织编制了执行水框架指令的一系列导则。虽然这些文件没有法律效力，但是各成员国都基本认同这些技术要求。已有的技术导则包括：经济与环境，确认水体，分析压力与不利影响，确认被严重改变的水体和人工水域，沿海水、半咸水的形态和分类，相互校准和校准程序，监测，GIS，公众参与，水体的分类，规划程序，湿地作用，生态状况评价。富营养化的技术导则已基本形成，但还没有最后在各成员国中讨论通过。

欧盟委员会有权对不按照欧盟法规要求的国家提起监督和诉讼程序，并对未实行指令的国家进行高额的罚款或减少预算，罚款时间从未执行水框架指令之日到其改正之日。

从其发展来看，欧洲水资源管理政策日益注重综合性手段，从20世纪70年代规定水质到80年代规定排污限制，再到90年代综合运用环境标准手段、经济刺激手段，并将水领域政策同其他领域政策相结合，走向可持续发展的水环境保护道路。欧盟水资源管理政策也正日益注重程序性规定，大量的环境保护行动在各国政府层面上展开，将实体上的自由处置权移交给了各国政府，由其建立复杂的行政监督体系。

3.1.2 美国水污染防治政策

在全国严重水污染形势下，美国国会于 1972 年 10 月通过了《联邦水污染防治法》，也称《清洁水法》，仅适用于地表水水质保护，其目的是恢复和维持国家水域的化学、物理和生物成分的完整性。为了实现这一目的，公布了 7 个目标和各种政策。其中的一个目标是实现污染物质零排放，其他的目标包括为建设公共的污水处理设施投资，制订非点污染源计划，以及使美国的水域适合于钓鱼和游泳。其中第 319、402、404 条是控制径流污染的重要工具：第 319 条制订了控制非点源污染的国家计划，要求各州提交径流污染评估报告并制订实施污染管理计划，鼓励各州实施“最佳管理措施”（BMPs），同时要注意这些措施在减少地表径流污染的同时可能会使污染向地下水中转移；第 402 条要求城市和工业区具备“雨污分流制系统”雨水外排的 NPDES 许可证；第 404 条对疏浚和填方污染物等做了规定。其防治污染的措施和计划主要包括 9 个部分。

《清洁水法》一个重要的组成部分就是要建立国家污染物排放消除系统（NPDES）。第 402 条提出该系统将各种规定转移成可执行的各项限制，NPDES 由美国国家环境保护局或由美国国家环境保护局授权的各州来管理。政府基于日最大负荷（TMDLs）的总量控制，并经过公众的听证会后，给任何污染物或多种污染物组成的点污染源排放发放许可证，这对水质交易活动或个体交易的支持起到了重要的作用。NPDES 许可证的目标，是通过对点源排污进行质和量的控制来保护受纳水体的水质标准和指定用途。根据美国国家环境保护局的资料，自从 1972 年执行该计划以来，美国在其污水量增加 35% 的情况下达到了 BOD 减排 45% 的成绩；符合水质标准的水体从 37% 增加到了 53%。

美国《清洁水法》的出台实行了国家立法统一管理水污染，一扫由于地方主义而出现管而不力、水污染严重的阴霾。《清洁水法》创建了统一的基于技术的排放标准，强化了过去那种软弱无力的政府监督执法功能，并且授予美国国家环境保护局采取强有力的行动来执行《清洁水法》。美国的历史教训和成功经验证明，建立一套完整的、健全的、行之有效的环境保护法规管理体系是保护国家水资源的最基本、最重要的战略决策。

3.2 水环境管理中主要的经济手段

国际上主要使用的水污染控制经济手段主要包括：水质交易、水环境税 / 费、污水处理费、排污费等。其中，美国在水质交易上的实践经验较多，欧洲国家主要在污水处理费、排污费等税费手段应用比较广泛。本节的重点主要对水污染控制税费经济手段在国际上运用的情况进行介绍。

3.2.1 水资源开采税

水资源开采税主要针对直接从地表水和地下水抽取的水量进行征税。其税率应充分考虑水资源开采的边际成本，提高成本效率，使水资源成为一种具有经济价值的商品，引导人们养成节约用水的生活方式，从而抑制水资源的过度浪费和污染。通过开征水资源开采税 / 费，使水资源成为一种经济价值的商品，从而抑制水资源的污染和浪费，达到缓解各国水资源严重不足的现象。本节以荷兰为例对水资源开采税费的实施情况进行分析。

荷兰水资源开采税由两个层面的税种组成：①由地方州政府征收；②国家额外对地下水开采征收的税费。 国家地下水开采税已写入荷兰国家立法，并于 1995 年开始实施，是荷兰绿色税收之一，税收的收益将成为政府总预算中的一部分。税收按 1 立方米的开采量征收，征收额度的多少主要以政治目的为考虑。

3.2.2 污水处理费

污水处理费是对间接排放的污水进行收费，即生活污水和工业废水进入污水处理系统的费用。污水处理费征收的目的是为环境管理部门的水资源管理提供资金来源（经济功能），此外通过价格的调控，激励污染者减少污水排放。

法国政府实行了“谁污染、谁付费”，“谁用水、谁花钱”的“以水养水”的政策，收费由水管理局实施，对排污超过 200 个“住区当量”的厂家，由收费机构估计其实际排放量进行收费；如果厂家能够证明其实际排放量低于收费机构的估计量，可以降低其收费。对于家庭用水，地方公共水文管理局则在水费中增加了污水处理等费用，在法国个人家庭支付的水费中，大约 42% 是使用自来水费，39% 是污水处理费，13% 是地方公共水文管理局管理费，5% 是增值税，1% 是国家引水发展基金。由于法国把水作为地方产品，所以各地水费根据居民居住稠密度、水源质量、水输送和处理难度等各种因素有所变化。

20 世纪 90 年代以来，为了满足欧盟的饮用水水质、污水处理和环境标准的要求，法国水价从 20 世纪 80 年代末期开始大幅上涨，1991—1999 年水价年平均增长率达到 5.3%（不计通货膨胀因素），而这期间的年平均通货膨胀率仅为 1.5%，如表 3-1 所示。

表 3-1 1991—1999 年法国居民用户年均供水费和污水处理费（含税）

单位：欧元

	1991	1992	1993	1994	1995	1996	1997	1998	1999
供水费	109.15	117.08	124.4	131.72	137.05	142.69	146.35	147.72	149.1
污水处理费	78.05	91.47	107.93	125.92	137.2	148.49	154.58	159.46	163.27
合计	187.2	208.55	232.33	257.64	274.25	291.18	300.93	307.18	312.37

3.2.3 排污费／税

排污收费／税在水污染控制领域有着最悠久和最广泛的应用，主要是对直接把污水排放到水体的企业和个人收费或者收税。对排放污水行为征税的国家有丹麦、荷兰和匈牙利等，对排放污水行为收费的国家有德国、澳大利亚、意大利、美国等。排污费的征收为实现污染者付费原则迈出了重要的一步，同时释放出一个明确的信号，政府机构和公共机构没有义务承担排污企业所造成的污染损失，应由排污单位全面承担，从而提高企业对污染处理设备的升级。

各国在排污费／税征收方案的设计目标上有所不同，如：①主要对水环境污染控制起激励作用（德国、丹麦）；②主要用于财政资金（比利时、法国、荷兰和西班牙）；③主要用于行政管理成本的收回和污染物排放许可的控制（英国、美国）。但各国对排污费的征收标准都普遍较高，以达到有效控制污染物的排放量、促使排污企业引进先进的污水处理系统的目的，其中在欧盟成员国中，荷兰和德国的污水税的税率相对较高。

OECD 国家对废水征税采取以下三种模式。

（1）按照水中各污染物的排放量征税：波兰、斯洛伐克、韩国、墨西哥、法国、捷克、丹麦、匈牙利以及西班牙部分地区、澳大利亚首都地区和大不列颠哥伦比亚省等。上述国家和地区征税的水污染物种类很多，主要有化学需氧量、生化需氧量、氨氮、各类无机盐、重金属等，波兰还按照排入湖泊的冷却水的温度划分税基。各国污染物的税率也不一样，以化学需氧量为例，波兰为每千克 0.339 2 欧元，西班牙阿拉贡地区为每千克 0.53 欧元。

（2）根据废水污染物的数量和浓度折算成污染当量征税：德国、荷兰以及比利时法兰德斯地区。德国每污染当量为 35.79 欧元，荷兰向国有水域和地方水域排放废水分别按照每污染当量 31.76 欧元和 46.06 欧元征税。

（3）按废水总量征税：意大利、西班牙、美国以及加拿大魁北克省、澳大利亚南澳大利亚州等地区。其中，意大利按照直接向环境排放的废水和生活污水排放量征税，其他国家和地区根据废水不同污染程度适用不同税率。如西班牙工业废水排污费的标准税率为 0.301 欧元／米^3，根据废水的特性，税率可提高到 4 倍。澳大利亚的南澳省，排污费根据执照中允许的排放量征收。加拿大的英属哥伦比亚省和魁北克省，根据污染负荷收费，费率因污染物毒性大小而不同。

在欧盟新出台的水框架法令中，提出了“结合方法”即将环境质量管理和排放管理相结合对污染进行预防和控制，并建立一套完整的水环境质量标准和排放标准。其中，指令第 10 条提出排放限制值（ELV）可以以“最佳可得技术”为依据，其是指技术的发展及其运用处在最有效和最先进的水平，它能为排放限值的制定提供参考，其运用可以从整体上减少污染物排放对环境的影响。“技术” 包括设计、建设、维护、使用和拆除设备所使用的工艺和方法。“可得技术”是指那些不论该技术是否已在各行业中使用，发展到一定规模并符合经济、技术可行性条件，考虑了成本和优越性，以及能够被使用者合理地获得并被允许在有关工业领域实施的技术。“最佳”是指实现对整体环境最有效的高水平保护。因此，可以保证技术上的先进性和经济上的可行性。

3.2.4 农业环境的相关经济手段

发达国家从20世纪80年代开始对农田、畜禽场等农业面源污染进行分类控制。其核心特征是发展环境友好型的农业生产技术替代原有的高污染技术，在主要水域和水源保护区制定了限定性农业生产技术标准。通过技术层面与政策层面的结合，在全流域范围内广泛推行农田最佳养分管理，限制水源保护区农田作物类型、轮作类型、施肥量、施肥时期、肥料品种和施肥方式，实行全流域氮、磷总量控制，削减农业面源污染排放量。20多年来，农用化学品用量较高的欧盟国家氮、磷化肥用量分别下降了大约30%和50%，曾经十分严重的地下水硝酸盐污染有所缓解，湖泊和近海域水体富营养化也得到一定程度改善。

1992年，欧盟部长会议上正式推出了共同农业政策。共同农业政策包括环境保护措施的引进、农业用地中的造林项目和农民早期退休计划等。并出台了结构政策的环境标准，在化肥和农药的管理上，一些欧盟国家根据农药和化肥的毒性、用量和使用方法对生态环境和公众健康可能造成的危害，加强管理并建立严格的登记制度。2000年颁布的水框架指令中，提出了硝酸盐指令（91/676）、控制杀虫剂最大使用量的杀虫剂法（91/414/EEC）、限制水中杀虫剂残留的措施及为保护鱼种、贝类安全而制定的水清洁的共同体措施等，成为治理农业面源污染的重要措施。同时，欧盟各成员国还制定了合理的经济政策，鼓励生态农业的开展，惩罚违反农业环境法规的情况。同时，在财政支持方面，欧盟不断加大用于减少农田氮、磷养分总用量、提高农田养分利用率的费用，近年来相关投资每年已达1 700亿欧元，为欧盟财政预算总支出的80%以上。

欧盟成员国对农业生产过程中使用化肥、农药征收统一的氮税和磷税，对购买污染控制设备、施用有机肥等实施补贴。氮税、磷税等可以使一些作物退出生产或导致农民从氮肥、磷肥大量使用的作物转向少量使用的作物。

为了能达到欧盟委员会制定硝酸盐指令中的达标值，许多成员国设立了相应的环境友好型政府补贴，来帮助农民达到要求（表3-2）。

表 3-2 环境友好型农业补贴

国家	环境友好型农业补贴	目的
捷克	在环境保护区内补偿由于减少饮用水资源开采所造成的损失	NSA 计划的目的是减少由于耕种引起的土壤养分的流失；农畜废物津贴是帮助农民达到欧盟硝酸盐指令中的要求
英国	硝酸盐敏感地区方案（NSA）：每公顷征收 79 欧元农业税来限制氮肥的使用；对把耕地改为本地种的草地的农户发放 843 欧元的补助（1995）	
	农业、渔业与食品署设立了农畜废物津贴来鼓励农户购买或改进农畜废物设施	
爱尔兰	农村环境保护计划（REPS）：为愿意执行营养物管理计划的农户提供补贴，从而起到保护水质的作用	

英国政府提出的硝酸盐敏感区计划，在敏感区域内的所有农户必须义务的无偿的执行。它的主要目标更改土地的使用功能来减少耕地对地下水中硝酸盐的污染。在计划的执行中，22 个敏感地区的硝酸盐的含量由 1994—1996 年的 115 mg/L 下降到 1998—2000 年的 76 mg/L。

3.2.5 其他税费政策

除此之外，欧盟对其他许多引起水质恶化的污染物也征税。一个例子是在东欧的前苏联国家对重金属征税。汞、钚、铅等重金属在矿石冶炼和核燃料准备等工业过程中产生，能造成癌症和白血病等严重疾病，或者导致发展紊乱和神经系统受损。因为重金属潜在的即刻健康影响，这些污染物通常通过命令控制规制管理，然而一些国家也通过税收项目来控制它们。当重金属限值超标时，保加利亚会对工业排放者征收一个水污染不遵从费，对镉、铬、铅、锰、汞和镍，以及不是重金属但构成严重的即刻的健康威胁的氰化物、甲醛、砷等污染物收费；波兰对排放铅、锰、汞、镉、镍、铬、砷、氰化物和钡的工业源征收水排放费；爱沙尼亚和拉脱维亚对可能包括重金属的“危险物质”收费。

动物激素、农药和原油是其他加以重税的污染物。类似于对农业征收营养物税，动物激素和农药税限制在有大农业机械化系统的国家。瑞典和芬兰对农药征标准税，丹麦对饲料添加剂征收复杂的消费税，包括对 11 种可能造成地表水和地下水损害的潜在家禽家畜饲养食物添加剂收费。丹麦也对农药征税，包括老鼠、钱鼠和兔子阻碍剂以及用于木材保护的除真菌剂。原油税主要在有石油出口工业的北欧成员国征收，在这些国家船舶的石油泄漏构成对海滨生态系统的重要风险。允许的排放限制被严密监测的爱沙尼亚对家庭和工业征收石油税。芬兰对轮船排放的石油征收一般税，瑞典对轮船泄漏的原油收费在 50 ～ 501 000L 范围内有六个累进税等级，取决于泄漏的数量。

3.3 废水排污费 / 税案例

3.3.1 德国：废水污染费

德国联邦政府于 1976 年制定废水费法，此法规定国家水质标准，产业废水与都市污水地下水道的排放标准，并规定作为费基的污染物种类及每年的费率。废水的费基是废水的有害性，包括：废水量、水中悬浮物质、可氧化物质、废水的毒性为判断标准。最初的费率是根据有效处理 90% 的处理厂操作成本来订定，然后逐年提高。为了鼓励排放者主动减少排放量或减轻污染程度，低于最低排放标准 75% ～ 100% 时，享有费率 50% 折扣；扩建或新建污水处理设备时，头三年也享有减免优待。

德国目前执行的是 1996 年底通过第六次修订的“水资源管理法”。该法律对水资源管理和保护规定详尽到具体技术细节，它对城镇和企业的取水、水处理、用水和废水排放标准都有明确的规定。例如，这部法律根据欧盟的水质标准对德国的水质提出了很高的要求，并规定废水在排入河道之前必须经过三级处理，即物理沉淀、生物降解和消毒三道工序。1998 年，德国的废水处理率达到了 97%，在欧洲仅次于荷兰，这在很大程度上归功于法律严明。

依据水管理法第 1 条第 1 款，把废水排入水域要缴税，该税由州进行征收。州可以规定公共法人团体作为排放者负有纳税义务；每天排放少于 8 立方米的家庭污水和类似污水的排放者，由州定为公共法人团体，负有纳税义务；如果水域的水在河流污水净化设备中净化，河流污水净化设备的经营者作为排放者负有纳税义务。由此可以看出，在德国，污水处理厂也遵守法律的相关规定对其排放出的废水负有纳税义务，这样迫使其不得减少或特殊化处理，但是污水处理厂的费用则以污水处理费的形式变相地由居民负担。德国的污水税是根据废水污染物的数量和浓度折算成污染当量征税的，见表 3-3。

表 3-3 德国污水费征收标准

税 / 费	税基	税率 / 欧元	征收部门
污水费	COD 含量 50kg	36/ 单位有害物质	环境保护署
	氮含量 25kg		
	磷含量 3kg		
	有机物含量 2kg		
	汞含量 20g		
	镉含量 100g		
	铬含量 500g		
	铅含量 500g		
	锌含量 1kg		
	镍含量 500g		

在德国的水资源管理体系中，1980 年 12 月 31 日以前是不存在纳税义务的，德国污水费从 1981 年开始征收起，税率呈上升的趋势，逐年递长，从 1981 年的 12 马克增加到 2002 年的 36 欧元，收益从 1981 年的 87.4×10^6 欧元 增加到 1998 年的 368×10^6 欧元，增长率达到了 320%。其所得的收益则作为专向资金用于水污染治理和提高水质标准等方面。

德国政府允许在符合以下条件的排污企业执行税收减免的政策，其包括：①排污企业的排放标准达到总体排放限度标准（Emission Limit Values）和最佳技术排污标准（Best Available Technologies）可以减免 50% 的税费，这大大激励了排污企业对提升自身的污染处理能力的渴求；②自动监测值小于规定污染排放许可；③污染物排放量没有超过给定的限值；④排污企业为了减少工业污染排放，达到 BAT 排放标准而修建或改进污水处理设备，污水税作为投资补助可以减免。

3.3.2 荷兰：地表水污染税

1970 年，荷兰政府颁布了《地表水污染防治法》，其宗旨在于防止对地面水资源的污染，但该法并未对“地表水”的概念进行界定，而是由判例法加以确立。《地表水污染防治法》规定了污染物排放的许可证制度，同时开征了地表水污染税。

该税由省级政府所属的水资源委员会征收，直接或间接对地表水造成污染的均为纳税义务人。该税根据排放物质的数量和质量来征收，实践中是按照排放的耗氧物质和重金属的量来征收，其税率在不同的水资源保护区域是不同的，它取决于净化的处理成本，因为这种税的目的就是为水的净化提供资金来源。在污水税执行的早期，其所得款主要应用于市政污水处理厂的建设与维护和为排污企业提高污水处理能力提供补贴。这项补贴对企业提高污水处理能力，减少污水的排放起到了积极作用。补贴优惠政策于 1996 年被废除。

地表水污染税的征收对象分为四个等级：①对居民按统一的费率征收；②小型排污企业按固定的费率征收；③中型排污企业根据非量测因素（也可选择在线监测的方法）测算费率的征收额度；④大型排污企业则依据在线监测数据测算征收额度。污水税主要对所有直接或间接排放到地表水中的污染物进行征税，其中包括：有机材料、氮、镉、汞、铜、铅、镍、铬和砷。地表水污染税只针对直接向地表水排放污水的排污企业和市政污水处理厂并不包括排入地下污水管道的费用，且税基的制定以污染物的排放流量为依据。

自 1971 年引入地表水污染税后，税率便以成倍的速度增长，从 1972 年到 1990 年，税率增长了 3 倍，从 1990 年到 90 年代末，10 年间税率增长了 2 倍。荷兰地表水分为国有水域和地方水域，其中国有水域（如北海）归运输和水利管理部管理，税率为 31.76 欧元；地方水域归区域水利委员会管理，税率平均为 46 欧元（表 3-4）。

表 3-4 荷兰地表水污染税征收标准

税 / 费	税基	税率（未标注为欧元）	征收部门
地表水污染税	国有水域中污染物 BOD、COD 含量及其他污染物含量	31.76/ 单位污染物	国家税务署
	区域水域中污染物 BOD、COD 含量及其他污染物含量	46.06/ 单位污染物	

地表水污染税的制定对荷兰水污染治理与防治工作的成功作出了极大的贡献。市政污水处理厂的处理容量从 1975 年的 52% 提高到 95%，而污水处理厂污水处理能力从 1980 年的 51% 上升到 1991 年的 74%。1980—1991 年，荷兰制造业的污水排放量下降了 80%，且每税率增长 1%，污染排放就会下降 0.5% ～ 1%。

3. 3. 3 丹麦：排污税

早在 1974 年丹麦就已经制订了环境保护法，这是一部框架法，禁止对水进行污染，但可以取得排水的许可。另外还制订了污水处理规划，包括郡政府污水处理规划和市政府污水处理总体规划。

丹麦实行水资源统一管理，所有用水都必须得到政府许可。丹麦的取水许可规定了取水的地点、总量和时限（最高 30 年）。丹麦 99 % 的饮用水来源于地下水。全国有 166 座国营水厂，主要分布于大城镇，每年提供 2. 61 亿 m^3 的水。除此之外，还有 2 626 座私营水厂，主要分布于农村地区，每年提供 1. 67 亿 m^3 的水。全国共有 9 万口水井。丹麦家庭日平均用水量为 131 L/ 人。

丹麦的排污税是一种财政税收，其收益不被指定特定的用途也不增加当地政府的财政预算。市政部门向小规模排污单位，大型污水处理厂和排污大户发放排污许可，其排放额度参考排污限值，与德国排污核定系统类似，其征收标准见表 3-5。

表 3-5 丹麦排污税征收标准

税 / 费	税基	税率	征收部门
排污税	污水中硝酸盐含量	20 克朗 /kg	国家税务署
	污水中磷酸盐含量	110 克朗 /kg	
	污水中有机物含量	11D 克朗 /kg	

丹麦政府对于满足特定条件的企业，如：蚌类养殖厂，养鱼厂和综合废物收集系统中流出的污水免除全部税收。丹麦工业污水支付系统（Effluent charging system）主要是激励企业减少污染物的排放。丹麦工业废水费计算公式为：

年工业废水费 = € 2.67 × x kg N tot + € 13.35 × y kg Ptot+ € 1.47 × z kg BOD_5

式中：x，y，z 分别表示氮、磷和生化需氧量的年排放量；污染物的排放量以每年自动监测站的监测数据为准。工业污染排放税由国家税务署进行征收与管理。丹麦也是唯一一个对主要污染物排放费按季度收取的国家，次要污染排放费的收益由税务局向地方税务局进行转移支付。

丹麦还征收水税和污水处理税。水税由消费者承担，1994 年水税为 1 丹麦克朗 /m^3，到 1998 年调整到 5 丹麦克朗 /m^3 。工业用水按水网供水总量的 90 % 交纳定税，如果用水损失量超过 10% ，则需纳税。1996 年丹麦水税和污水处理税分别为 9. 7 亿和 1. 4 亿丹麦克朗，而 2004 年分别为 14. 25 亿和 1. 8 亿丹麦克朗。

丹麦水管理行动计划的总目标是氮和磷分别减少 50 % 和 80 %。污水处理厂的目标是两者分别减少 60 % 和 72 %。工业直接排放的目标是两者分别减少 60 % 和 82 %。为了达到这些目标，国家对污水处理厂排放口制定了化学物含量要求：氮 8 mg/ L，磷 1. 5 mg/ L，BOD_5 15 mg/ L 。政府要求工业企业在直接排放时使用最好的技术。

3.4 德国、荷兰和丹麦排污费比较

欧盟委员会以三家生产棉纺的工厂为例，假如三家企业每天都平均生产 12 ～ 14 t 纺织品，但是分别采用不同的污水处理系统 [工厂 A：使用最佳可得技术（BAT）；工厂 B：预处理技术；工厂 C：无任何处理程序]，来测算三家工厂每年所交排污费 / 税的差异（表 3-6）。

表 3-6 各国不同处理标准的废水排放费比较（2000 年排放标准）

国家	工厂 A	工厂 B	工厂 C
废水处理标准	最佳可得技术（BAT）	预处理	没有处理
废水排放费用	欧元 /a	欧元 /a	欧元 /a
比利时（佛兰德斯）	15 126	91 063	585 928
德国	14 459	103 820	1 002 657
荷兰	40 527	153 774	1 383 316
丹麦	19 860	87 420	1 513 066

3.5 经验总结

3. 5. 1 欧盟成员国中大多数都对污水处理厂征收排污费 / 税

例如，德国、丹麦和英国，对污水处理厂征收排污费的评估标准与其他排污企业一致，

没有单独制定对污水处理厂进行费用减免的优惠政策。但对其所征收的费用，会以污水处理费的形式转嫁给普通消费者。法国和比利时对污水处理厂免收排污费，荷兰则对污水处理厂减免 90% 的排污费，这主要是因为这三个国家对间接排污的企业和个人都征收排污费 / 税，为了避免重复征收，从而减免污水处理厂的排污费。

3.5.2 制定优惠政策激励排污企业减排

各国一方面制定高额的排污费征收标准，促使排污企业不得不减少污染物的排放，另一方面制定系列的优惠的税费政策，来激励排污企业提高自身的污水处理能力，从而达到减排的效果。如：荷兰，对提高污水处理能力，引进先进技术的企业进行补贴；德国是对达到最佳可得技术排放标准的企业，减免 50% 的税费。

3.5.3 综合考虑水质、水量和生态系统的关系

我国水环境治理的重点在污染控制上，环保部门全力以赴抓排放总量控制。针对我国当前污染的严重情况，抓污染控制无疑是正确的。但是，我们也要看到，欧盟对莱茵河治理规划的战略目标已经不再局限于污染控制，而把目标定位在：将莱茵河恢复成“一条完整的生态系统中枢”，这在《水框架指令》提出的把水质、水量和淡水生态系统实行一体化管理中明确地体现出来。因此，排污费的标准制定不应只考虑水质的问题，也应相应考虑水量和生态系统恢复的成本。

3.5.4 环境质量与排放标准应紧密相连

欧盟排放限制以 BAT 为基础在执行过程中体现了经济和技术上的可行性，随着技术的进步，人们对生活环境质量标准的提高，排放限制也将日益严格。我国污染物排放标准制定原则与欧盟一致，但最大的问题是环境质量与排放标准相脱节，即使所有的污染源都达到了排放标准也不一定能保证环境质量标准的要求。因此，我国污染物排放标准应根据各地的环境质量标准和水环境的稀缺程度来制定，同时依据技术及环境质量标准对具有持有性、毒性等危害物质的排放标准进行改进。

4 现行水污染物排污收费政策评估

一项经济计划或政策失误所带来的环境问题，要远远大于一个建设项目的不当所带来的环境问题，而且前者治理的难度更大，挽回损失的余地更小，具有很强的不可恢复性。因此，通过对环境政策的评估，找出最有效的环境政策，或者识别出政策的实施效果以及实施中存在的问题，最终建立一个充分体现社会效益、经济效益和环境效益的环境政策体系，是十分必要的（罗柳红，张征，2010）。

4.1 政策评估理论

环境政策评估是指依据一定的标准和程序，对环境政策的效益、效率、效果及价值进行判断的一种政治行为，目的在于取得有关这些方面的信息，作为决定环境政策变化、环境政策改进和制定新的环境政策的依据。在欧美等一些发达国家，环境政策评估已经纳入立法范畴。在欧盟，任何一项环境政策的制定都必须先由欧洲环境委员会提出提案，再由议会、经济和社会委员会及环境理事会交叉进行咨询和评估，提出修订意见，按照程序表决提案是否被接受（万融，2003）。我国在环境政策评估上，也已经做出了初步尝试。

4.1.1 环境政策评估分类

按照评估活动是在环境政策执行之前还是之后，可以将环境政策评估分为预评估和后评估。

（1）环境政策预评估（Pre-Appraisal for Environmental Policy）

顾名思义，环境政策预评估是在环境政策执行之前进行的一种带有预测性质的评估。这种从单纯的事后检测变成事前控制的工具是政策评估领域的一次重大突破。

环境政策预评估的内容大致包含以下三个方面：首先，是对环境政策实施对象发展趋势的预测。拟定的环境政策是面向未来的，对未来趋势、发展规律把握得如何，决定着环境政策的成败。其次，是对环境政策可行性的评估，即通过分析主客观条件，有利和不利因素，对环境政策的可行性做出评估。一项环境政策的实施具有多种可能性，有的环境政策虽一时可行，但从长远看百弊丛生；有的则是局部可行，而在全局则不可行。通过环境政策的事前评估，就可以使得决策者在选择或实施环境政策时，对它作严格的时空限制和规定。最后，是对环境政策效果进行评估，即通过对环境政策内容和外在环境的综合分析，对环境政策实施可能产生的效果做出评估。

（2）环境政策后评估（Post Evaluation for Environmental Policy）

环境政策后评估是环境政策执行完成以后对环境政策效果进行的评估，旨在鉴定人们执行的环境政策对所确认问题确定达到的解决程度和影响程度，辨识环境政策效果成因，以求通过优化环境政策运行机制的方式，强化和扩大环境政策效果的一种行为。

具体地讲，环境政策评估的主要任务就是依据一定的标准和方法，具体考察一项环境政策的执行在客观上对环境一社会一经济系统产生了什么样的影响，综合分析一项环境政策的效果。作为环境政策过程的总结，效果评估对环境政策所做的价值判断最具有权威性和影响力。根据效果评估可以基本上决定一项环境政策的延续、改进或中止，以及长期性的环境政策资源的获取和分配问题。在进行效果评估时，评估者必须注意分清预期效果和意外效果、实际效果和象征性效果、短期效果和长期效果，在此基础上加以综合分析，以便对环境政策的价值做尽可能全面而客观的判断。为了弥补人们认识能力的局限，也为了尽可能节约环境政策执行的资源，减少或避免资源的浪费，环境政策的决策者、规划者和执行者都必须重视效果评估，从中发现环境政策的短长，及时扬长避短。

环境政策后评估与环境政策预评估两者在评估原则和方法上没有太大的区别，主要是采用定性与定量相结合的方法。但是，由于两者的评估时点（前与后）不同，目的也不完全相同，因此也存在一些区别。预评估的目的是确定政策是否可以实施，它是站在政策的起点，主要应用预测技术来分析评价政策未来的效益，以确定政策投入是否值得并可行，而且在预评估过程中，评估者必须对一个或者多个方案的潜在影响和效果进行预测。后评估则是在政策实施以后，总结政策的实施情况，评估者必须对单一方案的已实施的环境政策的实际影响和效果进行评估。更重要的是，预评估的重要判别标准是政策颁布者要求获得的收益率或基准收益率（社会折现率），而后评估的判别标准则重点是预评估（如果该政策的后评估存在相对应的预评估）的结论，主要采用对比的方法。

4.1.2 环境政策评估的主要内容

环境政策评估主要是指对环境政策实施的有效性所进行的评估，包括效果评估、效率评估和影响评估、综合评估等几个方面。

（1） 政策效果评估（Policy Effectiveness）

效果评估也称结果评估或者是目标评估，是指对政策制定时原来预定的目标的实现程度进行评估。政策效果评估要对照原定目标完成的主要任务或指标，检查政策实际实现的情况和变化，分析实际发生改变的原因，以判断目标的实现程度。效果评估的另一项任务是要对政策原定决策目标的正确性、合理性和实践性进行分析。在有些情况下，一些政策原定的目标可能不明确，或是不符合实际，在评估时也要给予分析。

（2） 政策效率评估（Policy Efficiency）

政策效率评估是对环境政策结果和政策投入之间的关系所作的评估。在有条件的情况下，最好要对环境政策的各个方案进行效率上的评估。

在环境政策后评估中的特殊考虑是：环境效果第一，环境效率第二。这就是说环境政策必须要无条件地努力达到拟订的环境目标。

政策效率评估必须要对政策进行影响分析，特别是影响的识别与货币化估值。

（3） 政策影响评估（Policy Impacts）

环境政策付诸实施，产生了对环境—社会—经济系统的影响。对于环境—社会—经济系统的各个因素来说，可以进行专题评估；对于整个系统或者包括多个因素的子系统（如社会系统）来说，需要进行影响的综合评估。政策的影响类型见专栏 4-1。环境政策的影响评估，需要特别关注环境政策对社会、经济方面的影响评估。有时在影响评估中还需做影响的经济评估。是否定做影响的专题评估、综合评估还是影响的经济评估，皆根据评估的分析范围而定。

专栏 4-1　政策的影响类型

政策的影响按影响的利弊可分为有利影响和不利影响。有利影响又称积极影响，不利影响又称消极影响。这两种影响都应考虑，但应以不利影响为重点。对不利影响应分析是否可以避免或减轻，并提出相应的措施。

政策的影响按影响来源可分为直接影响和间接影响。直接影响又称原发性影响，间接影响又称继发性影响或诱发性影响。间接影响还可分为二次影响、三次影响乃至更高次序的影响。

政策的影响按影响效果可分为可逆影响和不可逆影响。可逆影响是指政策活动停止后或人为处理后能够逆转或恢复的影响；不可逆影响是指不能得到逆转或恢复的影响，例如政策活动使某种珍贵的文物受损便不可能得到逆转，这种影响尤其值得重视。

政策的影响按影响时间的长短可分为长期影响和短期影响。政策实施之后，长久不能消失的影响便是长期影响；政策开始实施之后，不久便自行停止的影响，则为短期影响。

政策的影响按政策执行的阶段划分可分为前期影响、中期影响和后期影响等。

政策的影响组合类型。上述的各种影响类型组合起来，会使影响的性质得到更进一步的识别。如将影响效果与影响利弊结合起来，便会得到可逆的有利影响、可逆的不利影响和不可逆的有利影响、不可逆的不利影响等影响类型。

4.1.3 环境政策评估的主要方法

环境政策评估的方法多种多样，而且这些方法具有广泛的适用性。针对环境政策评估方法体系，从方法论角度划分，可以是经验分析的方法，也可以是演绎推理的方法，或者是经验分析与演绎推理相结合的方法；从精确程度的角度划分，可以是定性分析的方法，也可以是定量分析的方法，或者是定性分析与定量分析相结合的方法；从评估工具的角度划分，可以是传统的方法，也可以是现代的方法，或者是传统与现代相结合的方法。随着环境科学和政策科学的发展，评估方法也日新月异。各种评估方法各有特点、互有短长，评估者可以根据某项环境政策的特点选择一种或多种方法进行评估。评估方法的选择将根据分析范围以及被考虑的评估因子和指标而定。根据实际情况有必要采用多种分析工具来进行政策评估。总体上说，所选择的评估方法（往往是一组方法）应尽量具备：能够识别政策方案的影响；能够度量政策方案的影响效果；能够度量政策方案的效率。

综观国内外环境政策评估现状和技术手段，可供选择的评估方法主要包括：①社会调查法，包括公众调查法、专家调查法、访问调查法和问卷调查法等；②预测分析方法，包括定性预测、约束外推预测和模拟模型预测等；③定量化技术，包括统计分析法、综合评估法、线性规划法、层次分析法、数据包络分析法、基于理想解的排序法、政策评估决策支持系统等；④对比分析法，包括简单的“前—后”对比分析、“投射—实施后”对比分析、“有—无政策”对比分析、“控制对象—实验对象”对比分析等；⑤逻辑框架法；⑥经济评估方法，如费用效益分析方法、费用效果分析方法、价值评估方法及一些计量经济学评估方法，等等。

4.2 本项目评估方法

4.2.1 评估步骤

通过对水污染物排污收费政策实施的实际情况，以及对评估方法的回顾，本项目拟选取部分适合的评估方法，通过以下几个步骤开展评估。

（1）广泛收集环境政策信息

实际上，评估环境政策的过程，也就是收集与处理环境政策信息的过程。本项目将采用观察法、查阅资料法、调查法、个案法等方法对水污染物排污收费政策信息进行收集，尽量做到使所获信息具有广泛性、系统性和准确性。

（2）综合分析政策信息

对有关环境政策的数据和资料进行系统的整理、分类、统计和分析，为得出正确的评估结论提供依据。

（3）综合运用相应的评估方法

在实施评估时，需要有选择性地运用各种评估方法，并加以综合。本次评估，将采用问卷调查法、专家打分法、逻辑框架法、对比分析法、费用效果分析法等。

（4）重视公众参与

在评估过程中，让公众特别是水污染物排污收费政策作用人群参与政策的评估。由于政策作用人群既是政策的承受者，又是政策活动的主体，他们对政策的成败得失有切身感受，因而最有评估的发言权。

（5）撰写评估报告

评估实施后，撰写评估报告，综合总结评估结论，获得环境政策的效益、效率、效果及价值等相关方面的信息，并为改进现有政策提出合理化建议。

本部分评估的技术路线图如图 4-1 所示。

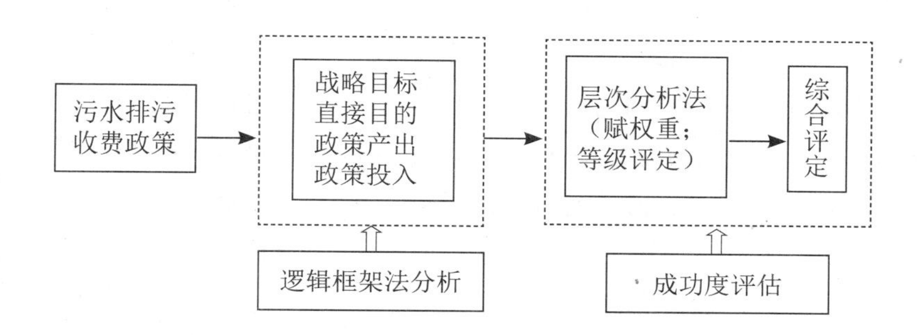

图 4-1　水污染物排污收费政策评估技术路线图

4.2.2　逻辑框架法介绍

逻辑框架是一种综合和系统地研究和分析问题的思维框架，它将几个内容相关、必须同步考虑的动态因素组合起来，通过分析其间的关系，从政策制定到目标、目的等方面来评估一项政策。LFA 的核心概念是事物的因果逻辑关系，即“如果”提供了某种条件，“那么”就会产生某种结果，同时这些条件包括事物内在的因素和事物所需要的外部因素。逻辑框架法的模式是一张 4×4 的矩阵，基本模式如表 4-1 所示。

表 4-1　逻辑框架法的基本模式

层次描述	客观验证指标	验证方法	重要外部条件
战略目标	目标指标	监测和监督手段及方法	实现目标的主要条件
政策目标	目的指标	监测和监督手段及方法	实现目的的主要条件
政策产出	产出物定量指标	监测和监督手段及方法	实现产出的主要条件
政策投入	投入物定量指标	监测和监督手段及方法	实现投入的主要条件

逻辑框架法的层次是：①战略目标：高于拟评估政策的国家或区域的一些有关的宏观政策目标。②政策目标：为评估政策规定的目标，是指“为什么”要实施该政策，即政策的直接效果和作用，主要是环境、社会和经济方面的成果和作用。③政策产出：是指政策“干了些什么”，即政策的投入产出物。④政策投入：是指政策的实施过程及内容，主要包括资源的投入量和时间等。

逻辑框架法的逻辑关系是：①垂直逻辑关系：以上 4 个层次由下而上形成了 3 个逻辑关系。第一级是如果保证一定的资源投入，并加以很好的管理，则预计有怎样的产出；第二级是政策的产出与环境—社会—经济系统之间的关系；第三级是政策的目标对整个地区甚至整个国家更高层次目标的贡献关联性。②水平逻辑关系：客观验证指标包括数量、质量、时间和人员，且每项指标应具有 3 个数据，即原来预测值（预评估中只有该数据）、实际完成值、预测和实际间的变化与差距值；验证方法包括主要资料来源（监测和监督）和验证所采用的方法；重要外部条件是指保证政策实施的一些必要条件[①]。

本项目评估以逻辑框架法为基础，采用欧盟环境署（EEA）的政策评估模式（图 4-2），对相关政策的效果和有效性进行评估，并结合政策、经济、社会网络分析法，揭示在政策提出、制定和实施过程中利益相关者之间的关系、权利博弈的游戏规则和污水排污体系管理格局的条件，为制度和机制的创新提出各种可能途径。

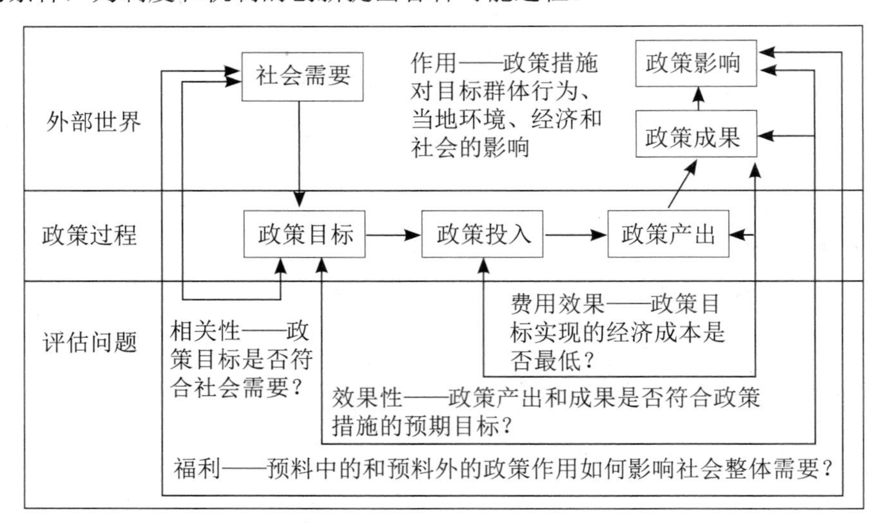

图 4-2 环境政策评估模式

此评估模式关注了政策的 4 个方面：目标制定的相关性和合理性、环境有效性、经济成本有效性、总体社会影响及其过程的社会民主性。回答了以下问题：政策目标是否实现？

① 全国注册咨询工程师（投资）资格考试参考教材编写委员会．工程咨询概论 [M]．北京：中国计划出版社，2007：155-159。

目标的实现动用了多大的投入？目标的实现是否解决了现实问题？成本和利益的分配是否公平？政策产出是否满足了谁的需求、偏好或价值？

4.2.3 相关技术方法应用

（1）社会调查法

社会调查法的具体种类很多，实际工作中，常常采用一些混合的调查方法，如将公众调查法、专家调查法与访问调查法、问卷调查法结合起来。

采取个别访问的方式，了解政府部门和地方组织对某项环境政策的看法。按照预定的计划，就政府部门对相关环境保护政策的意见等问题访问这些机构的负责人，方式可以是标准化的或是半标准化的。

对相关专家，较适宜的方式是开放式的讨论会。因为专家们根据自己的专长对于环境政策有关问题会有自己特殊的见识。

采用标准化问卷的形式，对相关企业进行统计、调查，收集他们对于水污染物排污收费政策的建议和意见。

（2）统计分析法

环境政策评估中大量的基础资料是以统计数据为依据的，其调查在许多方面与统计调查相同，其数据的处理和分析方法也与统计分析类似。因此，统计学方法完全可以应用于政策评估中。特别应指出的是，在经济和效益的统计中，统计学确定的不变价理论，使数据具有统计性和可比性，是政策的影响和效果评估中的一条重要原则。

在政策评估中，一类常见的问题是根据一组实测数据，去设想某种函数关系，使得这一函数轨迹尽可能地接近于已测数据。这个构造出来的函数与实测值间的差距应最小，使之从一个或多个变量的数值去估计另一变量的数值。这就是统计分析法中的一种重要的分析方法——回归分析法。

（3）对比分析法

前后对比分析是环境政策评估的基本思维框架。通过环境政策执行前后有关情况的对比分析，从中测度出环境政策的效果及价值。它通过大量的参数对比，使人们对环境政策执行前后情况的变化一目了然。

倾向线投射点与实际点对比法是政策效果前后对比法的一种，是简单前后对比法的改进。该法根据某项政策执行前的有关情况建立倾向线，然后将这一倾向线投射到政策执行后的某一时间点上，这一点代表尚无该项政策作用的情况状态点 A_1，政策执行后的实际情况状态点 A_2 代表该项政策执行后所发生的变化，（$A_2 - A_1$）即可视为执行政策的效果，如图 4-3 所示。这种方式由于考虑到了非政策因素的影响，结果更加精确，因而较前后对比方式前进了一步。

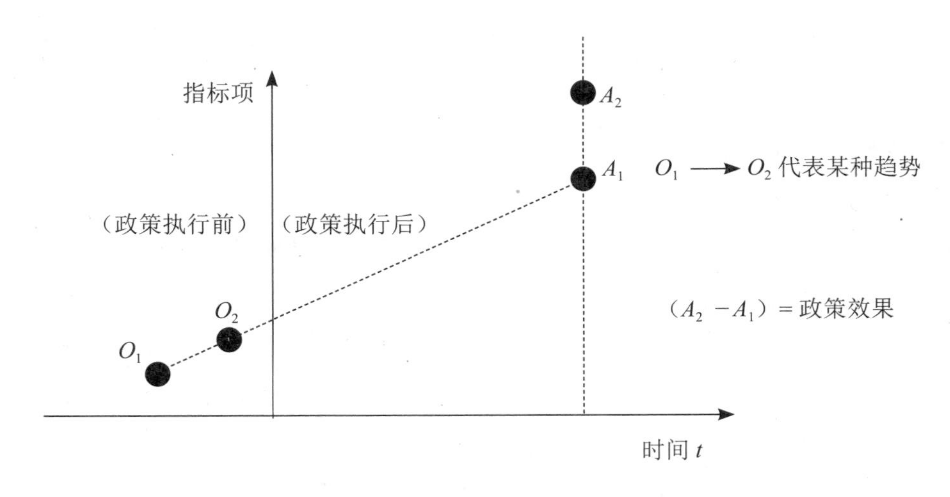

图 4-3 倾向线投射点与实际点对比法

（4）综合评估法

成功度评估方法是综合评估法的一种，目的在于综合性地评估已实施政策的成功与否。成功度评估是依靠评估专家或专家组的经验，综合政策评估各项指标的评估结果，对政策的成功程度做出定性的结论。也就是通常所称的打分的方法。成功度评估是以政策的效果评估和效率评估的结论为基础，以政策的目标和效益为核心所进行的全面而系统的评估。该方法主要步骤有：

一是确定成功度等级，如将政策的成功度分为 5 个等级（表 4-2）。

表 4-2 政策成功度等级

成功度等级	内涵
完全成功	政策的各项目标都已全面实现或超过；相对成本而言，政策取得巨大的效益和影响
成功	政策的大部分目标已经实现；相对成本而言，政策达到了预期的效益和影响
部分成功	政策实现了原定的部分目标；相对成本而言，政策只取得了一定的效益和影响
不成功	政策实现的目标非常有限；相对成本而言，政策几乎没有产生什么正效益和影响
失败	政策的目标是不现实的，无法实现；相对成本而言，政策不得不终止

二是确定政策成功度的测定步骤和方法。政策成功度评估（表 4-3）包括评估项目及其主要指标。在评定具体政策的成功度时，并不一定要测定上表中所有的指标。评估人员首先要根据具体政策的类型和特点，确定表中指标与政策相关的程度，把它们分为“重要”、“较重要”和“不重要”三类，在表中第二栏（相关重要性）填注。对“不重要”的指标就不用测定，只需测定重要和较重要的内容。

在测定各项指标时，采用打分制，即按上述评定级别的第 2 至第 5 的四级别分别用 A、

B、C、D 表示。通过指标重要性分析和单项成功度结论的综合，可得到整个政策的成功度指标，也用 A、B、C、D 表示，填在表的最底一行（总成功度）的成功度栏内。

表 4-3　政策成功度评估表

政策实施评估指标	相关重要性	成功度
对环境的影响		
对生态的影响		
对资源的影响		
对工业的影响		
对农业的影响		
对交通的影响		
对第三产业的影响		
对健康的影响		
对教育的影响		
对人口的影响		
对机构制度的影响		
对科技的影响		
—		
预算成本控制		
费用效益（效果）分析		
总成功度		

4.3　水污染物排污收费政策逻辑框架法评估

排污收费的政策已经实施 30 余年，其中 2003 年的改革，使排污收费制度在许多方面取得了明显的进步与发展。对水污染物排污收费政策进行系统、科学的评估，是在当前水污染控制工作中落实科学发展观的重要制度化建设。

根据逻辑框架法，对水污染物排污费政策的战略目标、直接目的、政策投入、政策产出四个层次从验证指标、实现条件等进行分析。战略目标是指高层次的目标，即宏观计划、规划、政策和方针等，该目标可由几个方面的因素来实现。这个层次目标的确定和指标的选择一般由国家或行业主管部门选定，一般要与国家发展目标相联系，并符合国家产业政策、行业规划的要求。直接目的是指“为什么”要实施这个政策，即政策的直接效果、效益和作用，一般应考虑政策为受益目标群体带来什么，主要是社会和经济方面的成果和作用。政策投入是政策的实施过程及内容，主要包括资源的投入量和时间等。政策产出层次是指政策“干了些什么”，即政策的建设内容或投入的产出物。一般要提供政策可计量的直接结果。

4.3.1 战略目标实现程度评估

水污染物排污费的战略目标是贯彻“谁污染谁付费”原则，实现环境成本内部化；改善水环境质量和保护水环境、促进可持续发展。验证目标的指标是水环境质量的改善和企业清洁生产的推进情况。实现目标的主要条件有国家的重视，从政策、资金、宣传等多方面给予支持，以及地方政府的配合。战略目标的实际实现情况是排污收费实施以来，水质总体呈上升趋势。其中：劣Ⅴ类比例逐年下降，从2001年的44%下降到2009年的18.4%；Ⅰ类—Ⅲ类水从2001年的29.5%上升到2009年的57%，见图4-4。同时，水污染物排污费的征收也促使企业尤其是高污染行业的企业采用清洁生产技术以及积极进行废水处理，逐步实现环境外部成本内部化。当然，这是各种环境手段的综合效果，然而，污水排污收费政策对于减少污染物排放、改善水质起着不可或缺的重要作用。

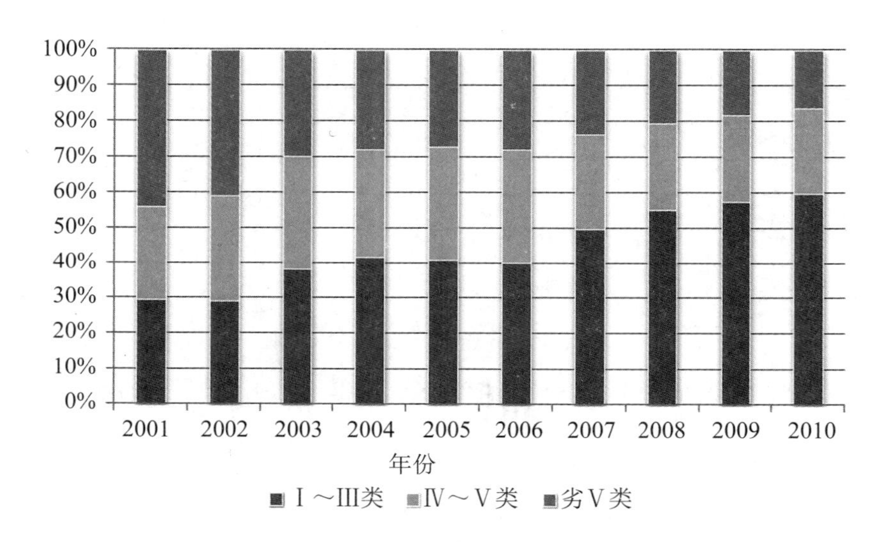

图4-4　2001—2008年七大水系水质类别比例图

据《中国绿色国民经济核算研究报告2004年》报告，2004年，水污染造成的环境退化成本为2 862.8亿元，当年排污费征收额仅为34.3亿元。2009年排污收费额仅达到24.4亿元，可以说排污收费没有实现环境社会成本内部化的理想目标，主要原因收费标准本身低于单位污染损失成本；同时，征收范围没有包括污水处理厂、农业面源以及尚未纳入城市污水集中处理厂的居民生活污水。

从外部环境看，个别地方政府对政策的执行给予的重视程度不够，行政干预依然存在，如出台了“零收费、零罚款、宁静日”等土政策①，干扰排污收费政策执行。

① 《湖北省坚决废止市县干扰、限制环保执法的“土政策”的规定》，2007年5月，湖北省政府出台。

4.3.2 直接目的实现程度评估

水污染物排污费的直接目的是通过征收排污费促使企业减少水污染物排放，减少水体污染负荷。目的指标包括水污染物减排情况、工业绩效。实现目的的主要条件是排污费政策多年来不懈地执行和不断改革，使核定和征收制度更加合理和更能促进企业减排。直接目的的实际实现情况是工业 COD 排放量在曲折中呈现下降趋势，工业 COD 排放浓度亦呈现出逐年下降的趋势，单位 COD 的经济绩效在不断增加，但是由于经济的快速发展，总的废水排放量仍在增长，工业 COD 的平均排放浓度还远远大于污水综合排放的一级标准，这意味着水体依旧承担着重要的纳污功能。影响水污排污费政策目的实现的原因主要有排污收费标准过低，核定方法有争议，地区和行业的发展不平衡等。

（1）水污染物排放总量下降

目前全国 31 个省级市、333 个地级市、2 860 多个县级市都全面开展了污水类排污收费的征收。排污收费制度实施促进了排污单位污染治理的积极性，促进了企业对废水的污染治理和减排。图 4-5 为 2001—2009 年全国主要污水类排污费征收因子 COD 和氨氮的排放情况。

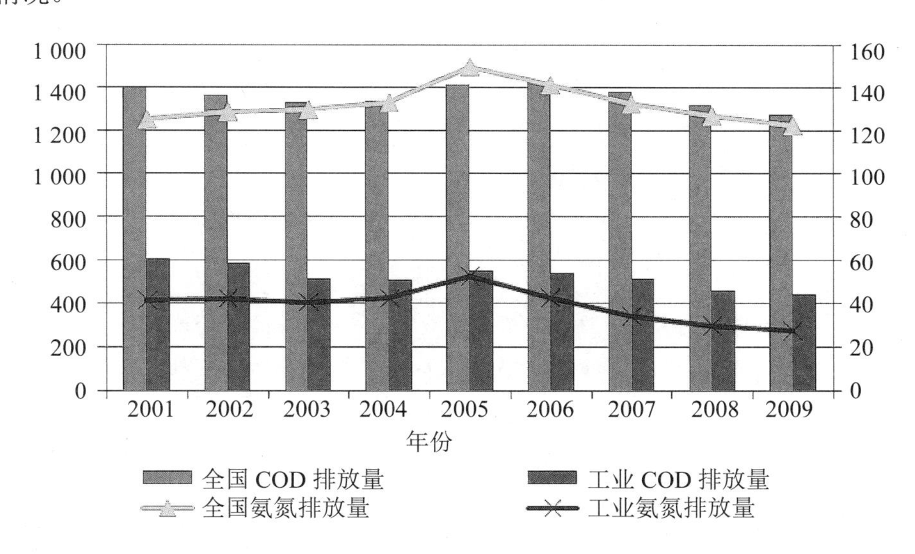

图 4-5　2001—2009 年全国和工业排放 COD 和氨氮排放量情况

从图中可以看出，在工业经济保持高增幅增长的背景下，全国主要污染物总量 COD 和氨氮反而在下降，其中工业污染物的下降幅度明显，说明排污收费制度在一定程度上促进了排污单位的节能减排，起到了保护环境的作用。

（2）工业废水中 COD 平均排放浓度逐渐下降

工业排放的污染物浓度与被排入的水体环境质量有着密切的关系。排放的污染物浓度过高，将会导致被排入水体环境质量变差。随着加强对工业点源的环境标准[①]控制，排入水体的污染物平均浓度呈现下降趋势（图 4-6）。从图中可以看出：工业 COD 排放浓度自 2001 年以来稳定处于纸浆、化工等行业的二级排放标准之下，并呈现出逐年下降的趋势。另一方面，工业 COD 的平均排放浓度还远远大于污水综合排放的一级标准，这意味着水体依旧承担着重要的纳污功能，现阶段加强水污染控制的需求依旧迫切。

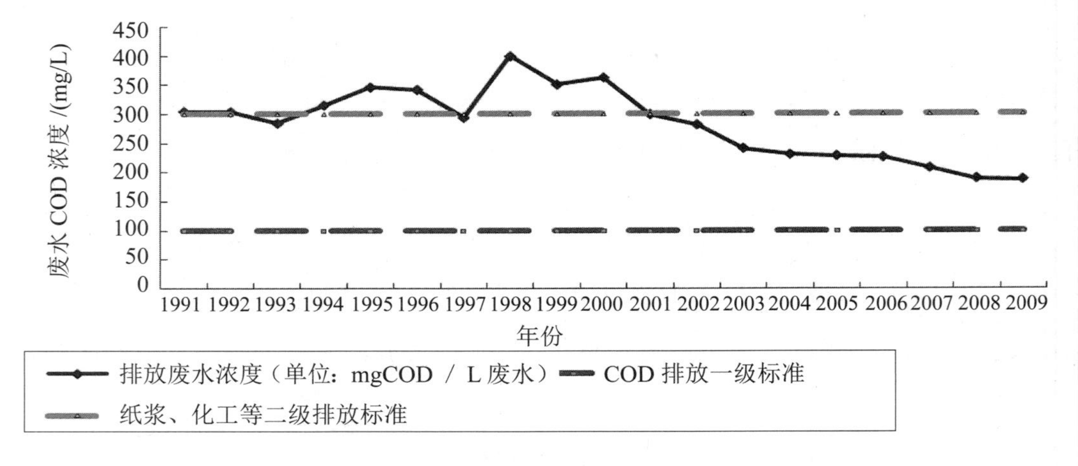

图 4-6 工业废水 COD 排放浓度

（3）工业废水 COD 排放绩效不断增加

工业排放是 COD 排放的重要来源。工业实际产出增加一倍多，而工业 COD 排放总量却在下降，这说明我国工业单位产出的污染排放水平在下降。反过来意味着单位 COD 的经济绩效在不断增加。图 4-7 显示了在经济增长和工业增长保持高增幅的背景下，单位 COD 的经济绩效呈增长趋势，说明排污收费制度在一定程度上促进了排污单位的节能减排，起到了保护环境的作用。

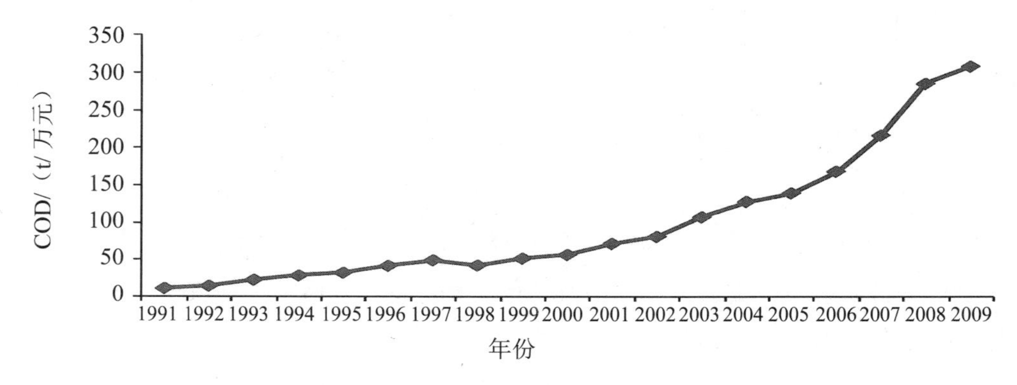

图 4-7 工业废水 COD 排放绩效

① 污水综合排放标准：GB 8798—1996。

（4）对企业治污的刺激作用

我们从两个方面来分析排污费对于企业（达标排放企业和超标排放企业）的激励作用：一是达标企业进一步治理的积极性；二是超标企业治理的积极性；三是超标罚款对企业治理的影响。

从理论上讲，最优收费水平是边际损害成本与平均边际治理成本相等情况下的治理成本。对于单个企业来讲，收费标准高于其治理成本，企业才愿意治理，否则，宁愿缴排污费而不愿治理。表 4-4 列出了化工和印染行业不同处理水平情况下，排污企业单位所承担的费用。根据有关资料，化工企业污染治理成本为 4.55 元 /t 水，印染企业污水治理运行费用为 2.64 元 /t 水。分别比较达标和超标的四种情况。

表 4-4 企业单位污水所缴纳排污费

单位：元 /t

所在行业	项目	达标排放		超标排放	
		一级	二级	500mg/L	1 000mg/L
化工	排污费	0.22	0.39	0.53	0.88
	运行费	5.0	4.0		
	罚款（2 倍）			1.07	1.77
	罚款（5 倍）			2.67	4.42
	总费用	5.22	4.39	2 倍：1.6	2 倍：2.65
				5 倍：3.2	5 倍：5.3
印染	排污费	0.08	0.14	0.37	0.72
	运行费	3.0	2.0		
	罚款（2 倍）			0.735	1.435
	罚款（5 倍）			1.837 5	3.587 5
	总费用	3.08	2.14	2 倍：1.1	2 倍：2.15
				5 倍：2.21	5 倍：4.31

从表中可见，排污费本身对于企业刺激力度不大，加倍收费起到一定的作用，企业排污超标被处以应缴纳排污费 2 ～ 5 倍罚款，倍数越大，其激励作用越强。因此，环境监察部门在执行罚款时，应该针对不同行业的特点，调整处罚力度，使罚款大大高于企业治理成本，督促企业自觉减排。治理成本也是影响企业治理的重要因素，因此相关政策应考虑。

政策设计多排多缴，少排少缴，对于然而受环保监督管理水平的影响，现实中很难准确计量污染物的排放量，影响政策执行的程度；2008 年征收污水排污费的企业 29.6 万户，而在线监测设备仅 1.3 万套。

（5）污水处理费等的影响

随着污水管网覆盖面积不断增加，很多城市的企业污水只要达到污水处理厂入管标准，就可以排入污水处理厂，缴纳污水处理费，由污水处理厂代处理。而根据《排污费征收使用管理条例》，排污者向城市污水集中处理设施排放污水、缴纳污水处理费用的，不再缴纳排污费。而且污水处理厂排放处理达标污水也不缴纳排污费，这就间接造成了排污费的流失。从实际调研情况来看，绍兴地区企业由污水处理厂代处理的比例已经占到90%左右。征收未纳管企业缴纳污水处理费增加企业的负担，影响企业治理污染的积极性。此外，目前江苏、浙江开展排污权有偿使用试点，其有偿使用费也将纳入企业生产成本，影响其环境行为。企业用水与排水成本都将纳入整个生产决策，我们分析几个城市的自来水价（包括水资源费及其他供水费用）、污水处理费、排污费、废水处理设施运行费以及排污权有偿使用费的情况发现，对一般工业企业来讲，自来水价和污水处理费所占比例较大，而对于重污染企业讲，其废水处理设施的运行费是主要支出。而排污费所占比例很小，均不超过10%，分别见图4-8、图4-9。

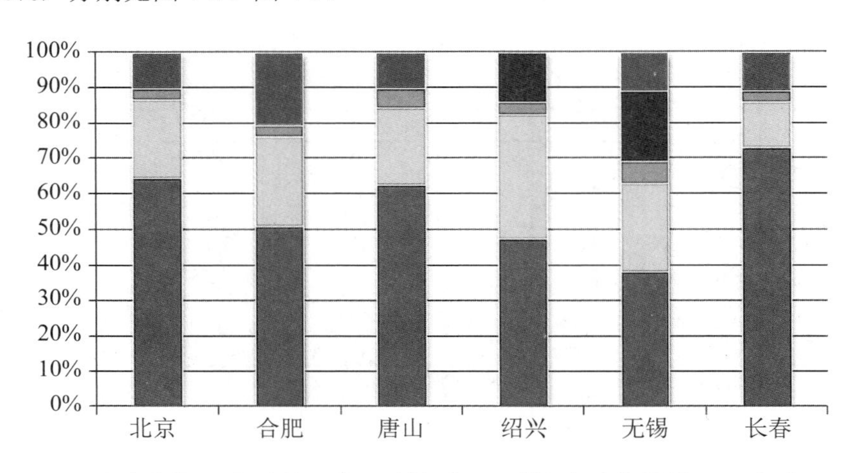

表 4-8　一般工业企业用水与排水费用比例

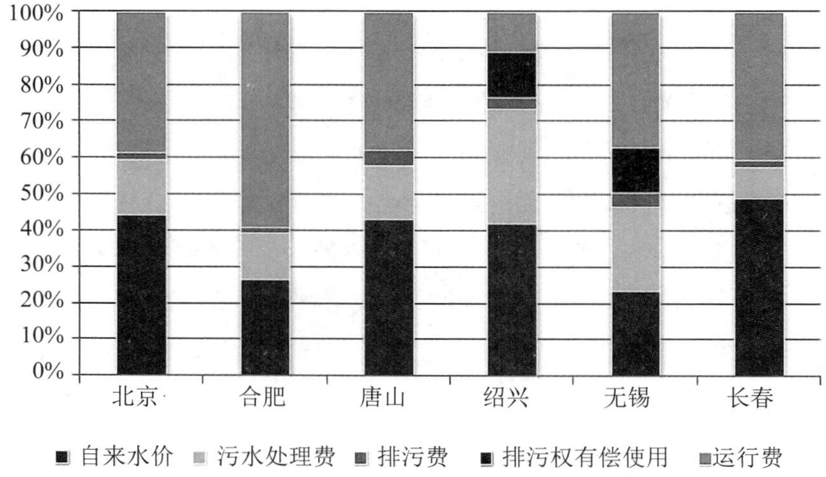

图 4-9　重污染企业用水与排水费用比例

4.3.3 政策产出评估

水污染物排污费的政策产出主要是排污费征收额、水污染治理专项资金、企业减排效益、完善的水污染物排污收费制度。产出物定量指标有水污染物排污费征收额、企业水污染治理效益。实现产出的主要条件：环保执法和监督的强化，配套市政的建设，企业环保意识的提高。实际的政策产出是几十年来的排污费征收额比较稳定，对环保经费和污染治理投资作出一定的贡献，并形成了一套水污染物排污收费和管理的制度。同时，排污费的征收也促使企业通过各种方式尽量提高自己的减排效益。不过排污费的征收仍然具有区域和行业的差异，从2007年和2008年全国31个省市自治区污水类排污费解缴入库情况看，入库额较大的区域为经济相对发达的东部地区。从2007—2008年污水类排污费增减率来看，增幅较大的几乎集中在西部地区，东中部地区负增长省市自治区所占比例较大。此外，影响排污费政策效果和企业减排效果的原因还有执法手段薄弱，有些地方按月收，按季度收，有些甚至存在协议收费的现象。对企业的激励也缺乏实际的措施。

（1）污水类排污费征收额

排污收费制度作为一项经济手段，具有一定的筹集资金功能，也是政策一项产出。1991—2007年的17年间，污水类排污费整体呈上升趋势。以2003年排污收费改革为节点，运用倾向线投射点与实际点比较法，对全国1991—2002年的污水类排污费作回归分析，污水类排污费随年度呈线性增长，$y=0.8099\times x+10.0126$，其中y为排污费，单位亿元，$x=1, 2, \cdots, 12$，R^2为0.957 9，线性相关性显著。

2003年排污收费政策改革后，水污染物排污收费转向“排污即收费”，2003年实际排污费收入比旧收费制度的倾向线略有提高，而2004年实际排污费就比倾向线有明显提高，2005—2007年污水类排污费则在2004年达到的高位上保持一个较小的起伏，主要是2003年排污收费制度改革后，一方面总量收费较之前的收费标准提高，二是这几年污染物排放量在增加。这也说明新排污收费制度在资金筹措上力度比旧政策要强。而在2008年和2009年则出现持续的明显下降，由2007年的36.1亿元下降到2009年的24.4亿元，2009年与倾向线基本一致。污水类排污费占排污费总额的比例也呈现下降趋势，从2004年的36.3%下降到2009年的14.8%，说明污水类排污费征收额对总排污费征收额的贡献在下降。出现这种情况的原因主要有：一是多种政策的综合运用使水污染物排放进一步得到控制，污染物排放总量减少，污水类排污费征收比例自然也在下降；二是很多地方没有实行随时间调整的收费价格调整机制，这使得近年的单位污染物排污收费的实际标准在不断下降；三是随着城市污水管网的建设，越来越多的企业出水接入管网，由污水处理厂来统一处理，接入管网的企业不再对其征收排污费，这使得很多地方的污水类排污费征收额有较明显的减少。

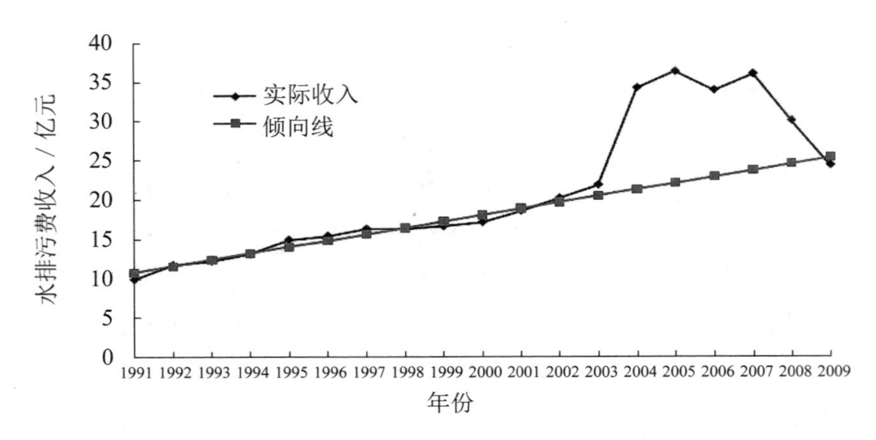

图 4-10 污水类排污费实际点与倾向线投射点比较

（2）排污费改革对工业水污染治理资金投入的影响

以 2003 年排污收费改革为节点，运用倾向线投射点与实际点比较法，对全国 1991—2002 年的水污染治理资金投入作回归分析，污水类排污费随年度呈非线性增长，y=24.947 4×exp（0.113 2×x），其中 y 为排污费，单位亿元，x = 1，2，…，7，R^2 为 0.819 3，线性相关性比较显著。

图 4-11 是水污染治理投资与倾向线投射点的比较，可以看出实际的水污染治理资金投入总体上呈增长趋势，且曲线与倾向线有较好的一致性，并在 2005 年、2006 年、2008 年具有很好的重合性。这说明《条例》对水污染治理资金投入的刺激作用与旧制度基本相同。

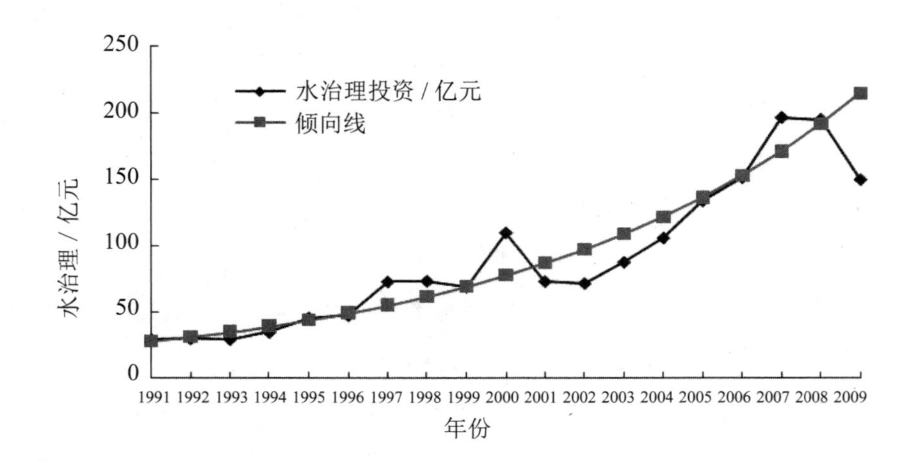

图 4-11 水污染治理投资与倾向线投射点的比较

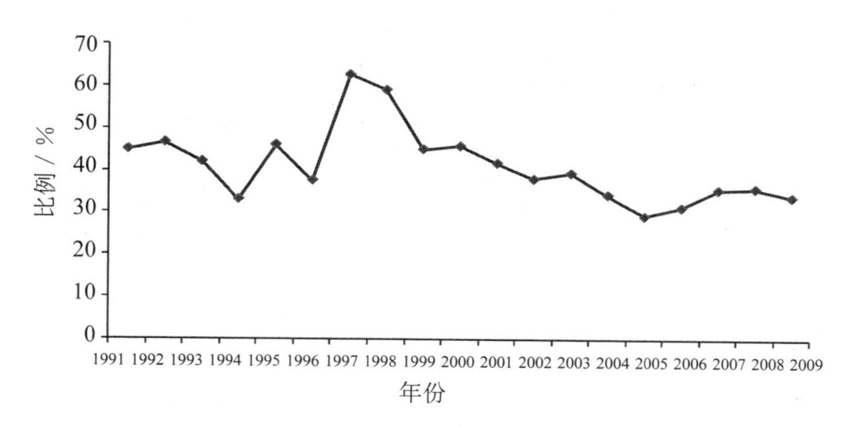

图 4-12　水污染治理投资占治理总投资的比例

而考虑到货币的通货膨胀等问题对绝对金额分析准确性的影响，可以从水污染治理资金占总污染治理资金的比例变化来进一步分析。图 4-12 是 1991—2009 年水污染治理投资占污染治理总投资的比例，可以看出 2003 年以后水污染治理投资的比例趋于水平，在较小的范围内浮动，这也从一个角度说明新排污收费制度对水污染治理资金投入的刺激作用并不明显。

4.3.4　政策投入评估

水污染物排污费的政策投入主要有环保机构管理成本（包括人员、部门经费、监测系统等）和企业的治理成本。实现投入的主要条件：国家重视和政策、资金扶持，环保相关部门能力建设的加强，监测水平提高。

（1）环保部门能力建设投入

从前面分析发现，2003 年《条例》实施后，排污费征收为属地管理，县级承担着大部分征收任务；同时，超标单因子收费改为总量多因子收费后，收费人员素质以及技术支持能力的要求增加，排污费增加工作量。排污收费资金全部纳入预算内管理，即采取“收支两条线”政策，同时对中西部地区有三年的缓冲期。

全国有较大比例的环境监察机构属于差额财政拨款，许多地方监察人员基本工资得不到保障。根据 2004 年全国环境监察年度统计数据，年均人员经费只有 1.3 万元，而且其中 48% 来自排污收费的补助。以中部地区为例，江西省全省 117 个机构中，财政拨款 53 个，自收自支 50 个，河南全省 2004 年经费总额 6 799 万元，其中财政拨款 1 351 万元，排污费补助 5 593 万元，财政拨款仅占经费总额的 20%，这种情况在西部地区更为普遍。2004 年国家环保总局接待了多起环境监察人员因拖欠工资而进京上访的案件。近年来，随着财政预算管理的逐步完善，情况有所改善。

执法投入在省、市、县三级执法机构之间分布不均，无论是人力、资金还是设备投入，市级执法机构是最好的，县级执法机构是最差的，省、市两级环境执法机构的平均预算资金都增加了50%以上，但县级增长仅为1.5%。省、市、县三级环境执法机构的人员编制数相差不大，其中市级编制最多；在执法人员学历构成方面，省级执法机构拥有高层次学历的人员比例明显高于市级，市级又明显高于县级，县级环境执法状况令人堪忧，县级执法机构在执法人员的素质上还待进一步提高。

（2）工业企业的废水排放处理投入

工业的废水治理设施及其治理能力以及年运行费用都在逐年增加，见表4-5。2008年工业废水的治理设施达78 725套，日治理能力达22 897万t，年运行费用为4 529 005.8万元。

表4-5　工业废水排放处理情况

年份	废水治理设施数/套	废水治理设施治理能力/（万t/d）	废水治理设施运行费用/万元	废水污染物在线监测仪器套数/套
2001	61 226	14 380	1 958 331.5	—
2002	62 939	13 113	1 810 758.9	—
2003	65 128	14 031	1 965 031.8	—
2004	66 252	16 220	2 445 651.4	—
2005	69 231	16 349	2 766 907.3	—
2006	75 830	19 553	3 885 001.7	7 749
2007	78 210	22 076	4 280 384.5	11 029
2008	78 725	22 897	4 529 005.8	13 159
2009	77 017	22 703	4 784 927.0	—

从行业来看，废水处理设施年运行费用排在前五位的行业是：化学原料及化学制品制造业、黑色金属冶炼及压延加工业、造纸及纸制品业、纺织业、石油加工炼焦及核燃料加工业。

（3）污水类排污费占企业总税费的比重

本研究采用问卷调查的形式，选取了不同行业、不同规模、采用不同污染治理水平的企业发放问卷。主要内容包括企业生产经营基本情况、废水排放及其治理效果、污染治理设施情况、污染监测设施情况。通过对上述内容的了解，从经济方面分析水污染物排污收费政策对企业的经济影响及对企业总体税费负担的影响。

本次调查共收回有效问卷36份。从收回问卷来看，企业所属行业主要包括：农副食品加工业、饮料制造业、纺织业、造纸及纸制品业、化学原料及化学制品制造业、有色金属冶炼及压延加工业、黑色金属冶炼及压延加工业8个行业（表4-6）。从企业规模来看，包括大型企业8家、中型企业18家、小型企业10家。

表 4-6 调查企业所属行业情况

序号	行业名称	企业数量 / 家
1	农副食品加工业	4
2	饮料制造业	6
3	纺织业	5
4	造纸及纸制品业	9
6	化学原料及化学制品制造业	6
7	有色金属冶炼及压延加工业	4
8	黑色金属冶炼及压延加工业	2
合计		36

根据问卷中企业缴纳排污费规模、企业每年纳税情况，对企业的排污费负担情况进行分析。总体来看，36 家企业共缴纳污水类排污费 1 742 万元，缴纳税款 10.6 亿元。污水类排污收费占总税费的比重仅为 1.64%，从这个角度来看，排污费与企业纳税额相比，所占比重还是很小的，因此对企业的影响也十分有限。

将每个行业所有企业的污水类排污费所占税费比例加权平均，得出水污染物排污收费对不同行业企业的影响（表 4-7）。所占比例最高的行业是造纸及纸制品业，达到了 4.95%；其次是有色金属冶炼及压延加工业，达到了 4.14%；农副食品加工业、纺织业在 2% 左右；所占比例最小的是饮料制造业，仅为 0.28%。

表 4-7 不同行业排污费比重

行业	缴纳排污费比重 /%
饮料制造业	0.28
农副食品加工业	1.88
造纸及纸制品业	4.95
有色金属冶炼及压延加工业	4.14
纺织业	1.99
化学原料及化学制品制造业	1.4
黑色金属冶炼及延压加工业	1.12

从规模来看，水污染物排污费对不同规模的企业影响不同。大、中、小规模企业的排污收费占税费的比重分布为 0.09%、0.28% 和 0.35%，反映出企业规模越大，排污收费占营业收入的比重越低的现象（表 4-8）。

表 4-8 不同规模企业的排污费负担情况

行业类别	排污收费所占税费比重 /%
大型企业	0.09
中型企业	0.28
小型企业	0.35
平均值	0.29

4.3.5 逻辑框架法评估结果

根据水污染物排污收费政策改革前后的执行情况，评价政策效果。根据逻辑框架法，对水污染物排污费政策的战略目标、直接目的、政策投入、政策产出四个层次从验证指标、实现条件等进行分析，得出表 4-9。

表 4-9　水污染物排污收费政策评价（逻辑框架法）

层次描述	验证指标	验证方法	重要外部条件（对应前面）	指标实现情况	原因
战略目标：贯彻谁污染谁付费原则，实现环境外部成本内部化；改善和保护水环境、促进可持续发展	目标指标：水环境质量；企业清洁生产；社会的环保意识	统计数据；调研；前后对比分析法等	实现目标的主要条件：国家重视，从政策、资金、宣传等多方面给予支持；地方政府的配合	水质得到明显改善；促使部分企业采用清洁生产技术和废水治理	多种因素影响
直接目的：通过征收排污费促使企业减少水污染物排放，减少水体污染负荷	目的指标：水污染物减排情况、工业绩效、企业治污积极性	统计数据；调研	实现目的的主要条件：多年执行，不断改革；合理的核定和征收制度	企业排放达标率提高，COD 排放量开始下降；存在协议收费现象	标准低、核定方法争议
政策产出：污水类排污费征收额，污染治理专项资金、减排效益，完善的污水排污收费制度	产出物定量指标：污水类排污费征收额，企业水污染治理投入、减排情况，超标	统计数据；调研	实现产出的主要条件：环保执法和监督的强化，配套市政的建设，企业环保意识的提高	征收额下降，治理投入增加，集中治理比例提高；存在偷排现象	执法手段薄弱、处罚轻
政策投入：环保机构管理成本，企业的治理成本	投入物定量指标：环保机构管理成本（包括人员、部门经费、监测系统等）；企业的治污投入(包括治理设施、监测、运行费用等)	统计数据；调研	实现投入的主要条件：国家重视和政策、资金扶持，环保相关部门能力建设的加强	管理成本增加，部门经费增加；有变相吃排污费现象	经费投入不足、人员素质有待提高

4.3.6 政策成功度评估

运用成功度法评价法对水污染物排污收费政策进行分析评价，对以上四个层次单项指标进行等级评价。根据成功度评价法五级标准的划定，将成功度评价法在一定程度上定量化。图 4-13 纵坐标表示Ⅰ～Ⅴ 5 个等级，横坐标表示 5 个等级对应的政策效果评估内容。其中横坐标“完全成功”与纵坐标Ⅰ级对应图上左边水平线部分为政策完全成功，横坐标“失败”与纵坐标Ⅴ级对应图上右边水平线部

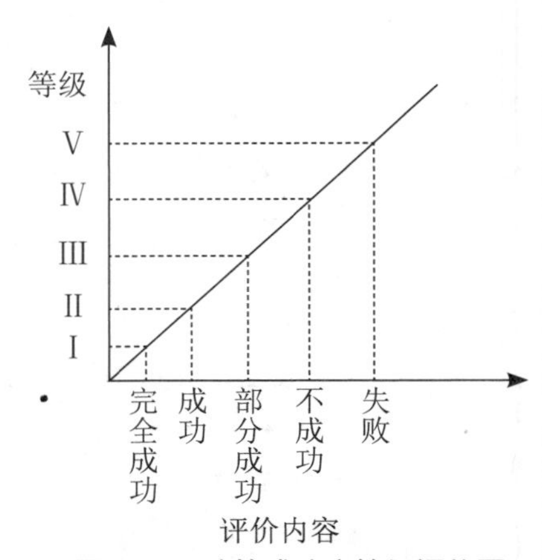

图 4-13　政策成功度等级评价图

分为政策失败。对政策单项指标进行评定时，对应上述 5 级标准表，分析次指标的政策效果，根据图 4-13 分析此指标在图中横坐标的位置，利用线性插值法，就出对应的纵坐标，即该指标的评定等级。

根据上节逻辑框架法的分析以及专家打分，对战略目标、直接目标、政策投入、政策产出几部分进行等级评定。

表 4-10　水污染物排污收费政策成功度等级评定

成功度等级	内涵
完全成功	政策的各项目标已全面实现或超过；相对成本而言，政策取得巨大的效益和影响
成功	政策的大部分目标已经实现；相对成本而言，政策达到了预期的效益和影响
部分成功	政策实现了原定的部分目标；相对成本而言，政策只取得了一定的效益和影响
不成功	政策实现的目标非常有限；相对成本而言，政策几乎没有产生什么正效益和影响
失败	政策的目标是不现实的，无法实现；相对成本而言，政策不得不终止

为了计算政策效果的综合评价结果，利用层次分析法，建立层次模型，然后将各层的要素两两比较，看它们对上一层次某个准则的相对重要程度，得出各单项指标的权重，计算过程如下。根据表 4-11，利用 MATLAB 软件计算出各指标权重，见表 4-12。

表 4-11　各单项指标相对重要性评价表

评定指标	战略目标	直接目标	政策产出	政策投入
战略目标	1	3	3	1/5
直接目标	1/3	1	1	1/6
政策产出	1/3	1	1	1/6
政策投入	5	6	6	1

利用 MATLAB 计算出标准对角矩阵 P

$$P=\begin{bmatrix} 4.106\,7 & 0 & 0 & 0 \\ 0 & -0.053\,4-0.659\,9i & 0 & 0 \\ 0 & 0 & -0.053\,4+0.659\,9i & 0 \\ 0 & 0 & 0 & 0 \end{bmatrix}$$

表 4-12　判别矩阵的平均随机一致性指标 RI

1	2	3	4	5	6	7	8	9
0.00	0.00	0.58	0.90	1.12	1.24	1.32	1.41	1.45

经计算得矩阵 P 最大的实数特征值为：

$$\lambda_{max}=4.106\,7$$

$$CI=\frac{\lambda_{max}-n}{n-1}=\frac{4.106\,7-4}{3}=0.035\,57$$

当n=4时，RI=0.90，则一致性比例CR=CI/RI=0.039 5<0.10，即矩阵具有满意的一致性，满足一致性要求。

表 4-13　各指标权重计算结果

评定指标	权重值
战略目标	0.199 2
直接目标	0.081 9
政策产出	0.081 9
政策投入	0.637 0

对各项指标进行等级评定，然后乘以各自权重，得出综合等级：2.800 8，部分成功，见表 4-14。

表 4-14　政策成功度评定结果

评定指标	权重值	等级评定结果
战略目标	0.199 2	2
直接目标	0.081 9	3
政策产出	0.081 9	3
政策投入	0.637 0	3
综合评定	1.0	2.800 8

从上述评估中看出，水污染物排污收费政策可以用部分成功或成功来描述，政策实现了原定的部分目标。相对成本而言，政策只取得了一定的效益和影响，在水污染防治中起到了一定的作用，水污染排放量有所减少。同时，还存在一些问题，政策设计目标尚未完全实现。

4.4　小结

4.4.1　排污收费对于水污染防治起到了促进作用

排污收费政策实施近 30 年来，在促进环境保护事业的发展、污染防治、提高公众环保意识等方面发挥了重要作用。第一，排污收费增加了污染治理的资金来源，为中国环保事业提供了重要的资金支持，目前全国 31 个省级市、333 个地级市、2 860 多个县级市都全面开展了排污收费。第二，排污收费制度促进了环保公共财政体制的建设，《条例》规定排污费的征收、使用和管理严格实行“收支两条线”，征收的排污费一律上缴财政，纳入财政预算，列入环境保护专项资金进行管理，全部用于污染治理，2007 年，国家财政预算设立了211环保专户，环保部门资金来源有了正规渠道，有效改善了过去“吃排污费”的状况。第三，促进污染治理。从上述政策评估中可以看到，排污费的征收对于企业治理起到了促进作用。一方面积累了污染治理资金，取得了一定的减排效果；另一方面，从成本分析看，起到了激励企业达标排放的作用。第四，排污费征管程序逐步规范，加强了排污费的检查和稽查工作。

4.4.2 排污收费政策本身存在的问题

（1）收费标准偏低

虽然经过两次比较大的调整后，排污费的标准有所提高，但现行排污费标准仍然低于污染治理的正常运行成本，很多企业所缴纳的排污费只有治理设施运行成本的50%左右，有的甚至不足10%，达不到真正刺激企业治理环境污染、进行深度减排的目的[①]。

（2）征收项目不全

虽然新的排污费征收管理办法增加了污染因子数，但是仍有一些常见的污染物，如持久性有机污染物、流动污染源、居民生活污水等没有被纳入征收范围内，水污染物主要来源之一的农业面源污染也不在征收范围之内。2009年全国COD排放总量为1 277.5万t，其中工业废水COD排放量为439.7万t，占排放总量的34.4%，生活污水COD排放量为837.8万t，占65.6%，无论从COD排放量还是废水排放量，生活污水均已占总量的一半以上。

（3）排污费征收程序较繁琐

新《条例》中明确了规范化的征收程序为申报、审核、核定和征收四个阶段，具体流程如图1-8所示，但在实践中还存在一些差距，排污申报登记工作不到位，谎报、瞒报现象时有发生。《条例》对每个程序都有一定的时间限定，一方面，执行机关要按规定的程序进行申报、核定、征收，防止任意收费、漠视相对人权益的现象发生；另一方面，复杂严格的程序不利于征收过程的简便实施，这样一步步地按程序走，在实际操作中对一些小企业、边远地区企业来说，尤其在执法人员缺乏的情况下，显得有些繁琐，而且在时间上也极大地限制了收费进度。

4.4.3 政策实施中存在的问题

虽然排污收费政策在不断完善，但在实际执行中依然存在一些不足，主要表现执法不严、执法能力需要加强、征收程序繁琐和核定方法难以统一等。

（1）企业申报数据与环境监测数据存在差异

国务院《排污费征收使用管理条例》（国务院令第369号）第九条规定：“负责污染物排放核定工作的环境保护行政主管部门在核定污染物排放种类、数量时，具备监测条件的，按照国务院环境保护行政主管部门规定的监测方法进行核定；不具备监测条件的，按

① 杨玲. 对我国现行排污收费工作的思考[J]. 环境研究与监测，2008，21（1）：44-47.

照国务院环境保护行政主管部门规定的物料衡算方法进行核定。”一是排污收费以环保部门核定数据为准，弱化了企业申报责任。一些地方主要依靠企业自行申报，排污企业在申报过程中，也不能及时提供企业环境监测报告，存在谎报、瞒报现象；二是核定技术方法缺乏权威性和适用性，在线监控设备投资和运行成本较高，目前只在重点污染源安装使用，同时监督性监测的覆盖面也有限，大量的污染源排放的污染物数量需要依靠物料衡算和相关系数核定，与实际情况有出入，这些都给污水类排污费的征收带来一定的困难。

（2）执法监管不严，存在地区性差异

排污费征收不足既有政策设计本身的问题，也有外部行政干预、执法手段欠缺、环保人员不作为，以及“协商收费”“乱收费”等主观原因，执法强度上的差异在不同的地区之间表现得更为明显。一些地方政府片面追求经济增长速度，忽视环境保护，拒绝履行法律规定的相关职责，擅自出台名目繁多的“土政策”、“土规定”，妨碍环境执法。

（3）环保能力建设有待加强

由于排污费征收涉及监测、监察、执法等多方面，需要一定的资金、人力投入，而现有的环保部门存在资金缺乏、人员编制严重不足等情况，导致排污费的征收不能取得预订效果。各省、市、县环境监察机构尚未健全，有些区县未设专门的监察机构。环境监察人员较少、素质有待提高。环境监察装备较差远不能适应当前工作需要。环境执法能力区域差异大，地区发展不平衡。

4.4.4 外部环境变化影响

随着城市污水集中处理设施的排水管网的建设，企业纳管比例越来越多。城镇污水处理厂陆续建成运营使得向污水处理厂排放废水的排污者只需要缴纳污水处理费，不需要再缴纳排污费，排污费征收户已从2005年的44.13万户下降到2009年的22.4万户。城镇污水集中处理设施的出水水质达到国家或者地方规定的水污染物排放标准的，可以按照国家有关规定免缴排污费；另外2008年新修订施行的《中华人民共和国水污染防治法》对违反本法规定排放水污染物的处应缴纳排污费数额二倍以上五倍以下的罚款，这部分罚款不再计入排污费。以上这些因素对排污费的征收额造成了一定程度的冲击，需要在政策上做好衔接和协调工作。

另外，违法企业得不到应有的处罚，加重了对排污费政策效果的疑虑和误解。法律规定的可操作性不强、处罚力度弱、强制手段缺乏，对污染惩处的力度小，不能形成有效制约，企业宁愿受罚也不愿正常运转治理设施。达标排放企业和违法排污企业站在不同的市场竞争起跑线上，其结果是一批有能力治污的企业也无视国家环保法律，明知故犯，超标排污，屡查屡犯。

5 排污收费改革研究

5.1 中国水污染防治的整体形势

5.1.1 水环境状况

我国地表水水质恶化趋势得到初步遏制，重点流域水质改善较为明显，但是其他流域水质开始恶化，水环境保护形势不容乐观。2009 年水环境状况如下：

七大水系总体为轻度污染。203 条河流 408 个地表水国控监测断面中，Ⅰ～Ⅲ类、Ⅳ～Ⅴ类和劣Ⅴ类水质的断面比例分别为 57.3%、24.3% 和 18.4%。主要污染指标为高锰酸盐指数、五日生化需氧量和氨氮。其中，珠江、长江水质良好，松花江、淮河为轻度污染，黄河、辽河为中度污染，海河为重度污染。

湖泊富营养化防治形势严重。总氮（TN）、总磷（TP）是营养物质污染的主要指标。2009 年，湖泊（水库）富营养化问题突出。26 个国控重点湖泊（水库）中，满足Ⅱ类水质的 1 个，占 3.9%；Ⅲ类的 5 个，占 19.2%；Ⅳ类的 6 个，占 23.1%；Ⅴ类的 5 个，占 19.2%；劣Ⅴ类的 9 个，占 34.6%。主要污染指标为总氮和总磷，营养状态为重度富营养的 1 个，占 3.8%；中度富营养的 2 个，占 7.7%；轻度富营养的 8 个，占 30.8%；其他均为中营养，占 57.7%。受现行环境统计制度限制，有关农业面源排放数据未能很好地反映在全国水污染排放数据中。从对农业面源控制的角度来看，目前还缺乏切实可行的技术处理手段。主要是通过宣传减少农药、化肥的施用量。

重金属、持久性有机污染物（POPs）等污染在部分流域、部分地区污染问题突出。湘江流域的砷、汞、镉重金属污染长期存在；京津地区、长江三角洲、珠江三角洲等地区地下水“三致”有机污染物不同程度检出，农药类、卤代烃类单环芳烃类等有机污染指标检出率为 10%～20%，部分地区达 30%～40%，东北老工业基地地下水“五毒”（挥发酚、氰化物、砷、汞、六价铬）和有机污染问题尤其突出。

5.1.2 水污染物总量控制状况

为了加大水污染控制力度，改善水环境质量，国家在“十一五”期间制定了 COD 减排 10% 的减排目标。2008 年第十届全国人大会议上通过了修订后的《中华人民共和国水污染防治法》，新法规定国家对重点水污染排放实施总量控制和排污许可证制度，各级政府按照国务院的规定削减和控制本区域内的水污染排放总量，并将重点水污染排放总量控制指标分解落实到各个排污单位。

总体来说，总量控制手段取得了显著效果。2009 年，中国化学需氧量排放总量

1 277.5 万 t，比上年下降 3.27%，与 2005 年相比，化学需氧量排放总量下降 9.66%，累计减排 137 万 t。在 2010 年度及“十一五”主要污染物总量减排核查核算会议上环保部表示，“十一五”期间，我国排污总量大幅下降，2010 年全国化学需氧量减排目标超额实现。

5.1.3 水污染物的来源呈现多样化

我国的水污染负荷结构正在发生变化。工业污染点源、农业面源、生活源是水污染物的主要来源。根据 2010 年公布的全国第一次污染源普查公告，COD 排放量来自工业源、生活源和农业面源的分别有 715.1 万 t、1 324.09 万 t 和 1 108.05 万 t。

总体上，“十一五”期间工业点源污染所占的比重趋于稳定，但是历史欠账较多，基数较大。2009 年工业废水排放量比 2007 年减少 4.9%，工业 COD 排放量比 2007 年减少 14%，仍然达到 234.5 亿 t 和 439.7 万 t。随着未来我国工业化进程的进一步加快，工业污染形势依然严峻，减排工作面临压力。

来自城市居民和农村的生活源污染比重逐渐加大。有些水域的生活源污染甚至超过了点源污染而成为威胁水质的主要因素。从 1999 年开始，生活污水排放量和 COD 排放量均高于工业废水排放量，2009 年，生活污水排放量较工业废水排放量高出 51.5%。同时，经过多年的发展，城市生活污水处理比例已经达到 63.3%，但是农村污水集中处理依然处于空白状态，地区差距较大①。

农业面源污染问题日渐突出。根据第一次污染源普查结果：农村面源化学需氧量 1 324.09 万 t，总氮 270.46 万 t，总磷 28.47 万 t，铜 2 452.09t，锌 4 862.58t；畜禽养殖业排放化学需氧量 1 268.26 万 t，总氮 102.48 万 t，总磷 16.04 万 t，铜 2 397.23t，锌 4 756.94t。农业面源的大量污染物导致了内陆湖泊和近海水域富营养化程度的进一步加重，给局部区域带来严重后果。虽然国家已经开展畜禽养殖业排污费的征收，但是实际效果并不理想。

5.1.4 工业水污染防治依然是当前重点

根据全国污染源第一次普查数据，2007 年工业废水中主要污染物产生量是化学需氧量 3 145.35 万 t，氨氮 201.67 万 t，石油类 54.15 万 t，挥发酚 12.38 万 t，重金属 2.43 万 t。实际排入环境水体的污染物排放量是化学需氧量 564.36 万 t，氨氮 20.76 万 t，石油类 5.54 万 t，挥发酚 0.70 万 t，重金属 0.09 万 t。经过严格的工业污染防治，我国工业污染防治从产生量到排放量大幅度减少。若不加强工业水污染防治，工业污染物的排放量将大于农业面源和生活点源所排放污染物总和。从污染源的总量来看，必须继续加强工业水污染的防治。

从工业水污染物的环境属性来看，工业排放的污染物对水体和人体健康损害较大，同

① 2009 年全国环境统计年报 .

时水污染事故频发，必须加强工业水污染防治。

从工业水污染防治末端治理的控制技术来看，多种工业污染的控制方法已经成熟。因此在我国当前污染防治中加强工业污染防治是切实可行的。

5.1.5 污水排放去向多样化

为了更好地集中控制企业污水排放，提高城市污水处理厂负荷，不少城市加大了污水入网比例，同时，工业废水入网比例也在增加，由2005年的8%上升到2009年的19.4%，见图5-1。入网企业不再缴纳排污费，或由原来缴纳排污费转而缴纳污水处理费。此外，随着再生水利用技术的发展，废水回用量逐步增加。

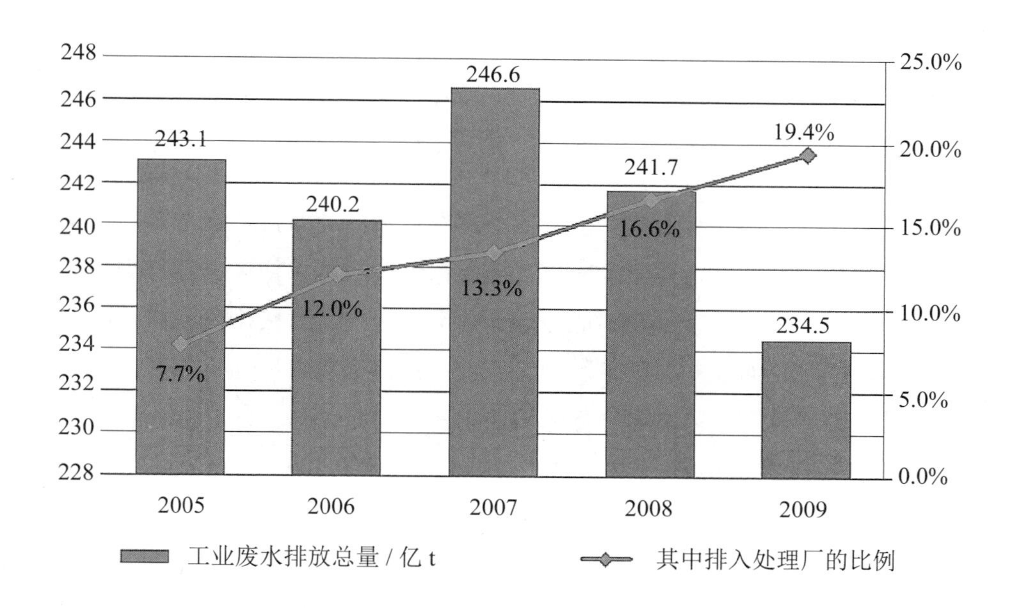

图 5-1 2005—2009 年全国工业废水入网比例

数据来源：根据2005—2009年中国环境统计年报整理。

从全国范围来看，江苏、山东、吉林等省份污水处理厂中工业废水比例较高，都在20%左右，而比例最高的浙江已经超过了40%，因此，在这几个省份，污水处理费对排污费收入影响还是比较大的，见图5-2。

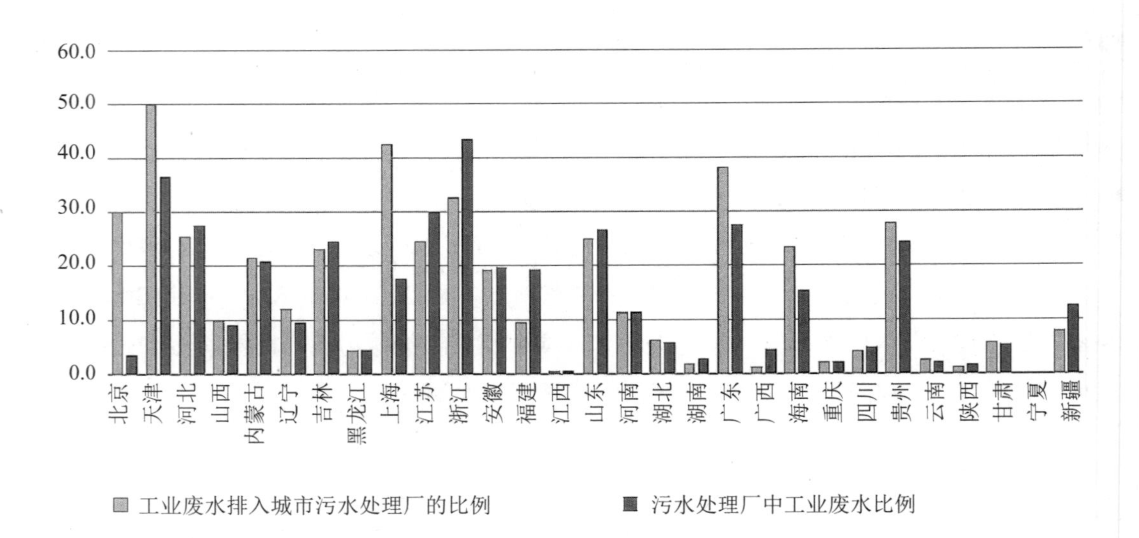

图 5-2　2009 年重点省份工业污水入网比例

数据来源：根据 2009 年中国环境统计年报整理。

城市污水处理厂接纳的工业废水、居民生活和经营服务业所排污水，其污水排放水平也差别较大，有的企业处理后达到国家或地方排放标准排放，包括污水综合排放标准、城镇污水处理厂标准以及行业排放标准和地方排放标准，即以前直接排入水体的部分，比如合肥市就采取这种方式，而某些地区采取的是企业自处理至规定标准，再排入污水厂进一步处理，因此排放浓度较高，污水处理费标准也较高，如绍兴。

5.1.6　污水处理厂建设发展迅速

从污染防治的事后控制来看，除加强工业水污染防治外，政府也在不断加强对生活污水处理的投资和管理力度。通过建设和运营污水处理厂，可以有效降低生活污水对水环境的压力。到 2009 年，我国环境统计涉及的重点城市已建成污水处理厂 1 348 座，污水处理厂设计处理能力达 7 590.9 万 m^3/d，污水处理总量达 208.2 亿 m^3，城镇生活污水处理率达 74.5%。生活污水仍然是城市污水处理厂的主要来源。近年来，生活污水所占比例基本维持在 80% 左右。工业园区集中污水处理设施处理能力增加，主要集中在江苏和浙江省。

5.2　与排污费相关的政策分析

我国水污染防治政策体系是在工业污染控制基础上发展形成的，既包括工业污染防治，也包括生活源和农业面源防治。水污染防治政策是在《中华人民共和国环境保护法》和《中华人民共和国水污染防治法》统领下发挥各自作用，相互协调。

环境经济政策是指按照市场经济规律的要求，运用价格、税收、财政、信贷、收费、保险等经济手段，调节或影响市场主体的行为，以实现经济建设与环境保护协调发展的政策手段。它以内化环境行为的外部性为原则，对各类市场主体进行基于环境资源利益的调整，从而建立保护和可持续利用资源环境的激励和约束机制。与传统行政手段的“外部约束”相比，环境经济政策是一种“内在约束”力量，具有促进环保技术创新、增强市场竞争力、降低环境治理成本与行政监控成本等优点。

排污收费制度是控制我国水污染的有效手段，是我国实施最早的环境经济政策。环境经济手段在水污染控制中的应用越来越广泛，污水处理收费、环境责任保险等相继推出，环境税也在研究制定之中（图 5-3）。

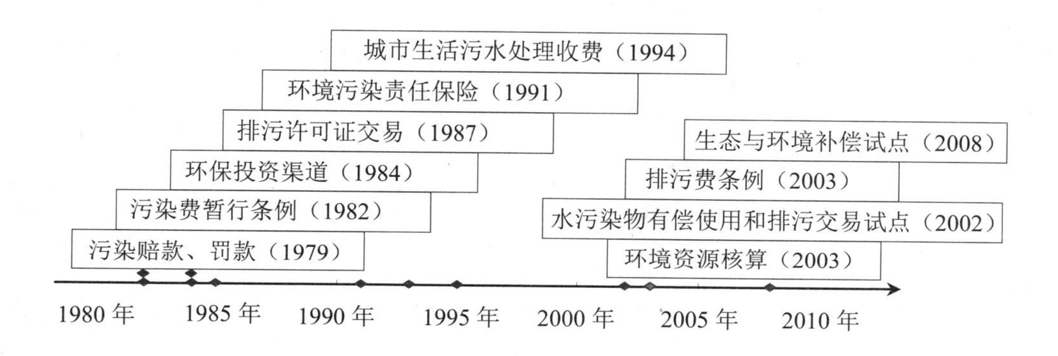

图 5-3 我国环境经济政策

5.2.1 总量控制制度

排放总量控制这个概念起源于 1988 年第三次全国环境保护会议之后一系列环保局的行动计划，当时国家环境保护局提出了在我国开始实行浓度控制与总量控制相结合的污染控制对策。1996 年，《国务院关于环境保护若干问题的决定》（以下简称《决定》）出台，将环境管理从控制浓度转换到控制排放总量上，正式把污染物排放总量控制政策列入“九五”期间的环保考核目标，并将总量控制指标分解到各省市，各省市再层层分解，最终分到各排污单位。“十一五”规划提出二氧化硫和化学需氧量排放总量分别减少 10%属于约束性指标。约束性指标是在预期性基础上进一步明确并强化了政府责任的指标，是中央政府在公共服务和涉及公众利益领域对地方政府和中央政府有关部门提出的工作要求。《国民经济和社会发展第十一个五年规划纲要》中明确确定“十一五”期间全国主要污染物排放总量减少 10% 的目标。到 2010 年，全国主要污染物排放总量比 2005 年减少 10%，化学需氧量由 1 414 万 t 减少到 1 273 万 t。“十二五”期间氨氮也将作为约束性指标纳入。

现行排污收费制度实现了由浓度收费到总量收费，化学需氧量是最主要的收费因子，2009 年，COD 收费额 14.3 亿元，较 2008 年下降 13.9%，占污水类排污费的 58.6%。排污收费在促进总量控制目标完成起到了一定促进作用，排放总量的削减，使得收费额下降。调查中发现，总量削减指标核定与排污费核定中尚无密切联系。

5.2.2 污水处理费制度

污水处理费是城市污水集中处理设施按照规定向排污者提供污水处理的有偿服务而收取的费用，属于服务性收费。

1999 年，国家计委、建设部、国家环保局总局联合发出《关于加大污水处理费征收力度建立城市污水排放和集中处理良性运行机制的通知》（计价格 [1999]1192 号）。通知规定在水价上加收污水处理费。国家计委、财政部、建设部、水利部、国家环保总局《关于进一步推进城市供水价格改革工作的通知》（计价格 [2002]515 号），要求要加大污水处理费的征收力度。2003 年底以前，全国所有城市都要开征污水处理费，已开征污水处理费的城市，要将污水处理费的征收标准尽快提高到保本微利的水平。缴纳污水处理费的用户不再缴纳排污费和排水设施有偿使用费。2007 年《国务院关于印发节能减排综合性工作方案的通知》要求吨水平均收费标准原则上不低于 0.8 元。污水处理费征收依据各地针对不同排水情况做出不同的规定，分别有用水量、用水量的 90%、实际排放量等几种；收费标准逐步上调，工业和商业高于居民生活污水。

随着处理率的提高，污水类排污费征收额呈下降趋势，两项政策在衔接中存在一定的问题：①重复收费问题，如有些地区同样的两个排污单位，一个单位已经向城市污水处理管网排污，只需缴纳污水处理费，不必缴纳排污费，而另一家单位没有纳入管网，既承担污水处理费，又承担排污费；②遗漏问题，一些地区污水处理能力不足，纳管企业废水没有得到治理；③污水处理厂排放不缴纳排污费，其排污量不在排污费征收范围；④纳管企业水质超标排放管理模糊。

5.2.3 环境税与排污交易、排污权有偿使用政策

利用经济手段控制环境污染在处于探索和开发阶段。尽管中国还没有针对环境保护设置专门的环境税种，但是在 2007 年国务院已明确提出研究开征环境税。排污交易和排污权有偿使用试点也正在进行，浙江、江苏省已开展排污权交易试点。三者与排污收费政策密切相关，同时作用于排污单位。

从经济意义和作用机理看，收费和征税没有本质上的差别，都可以将环境污染的外部成本内部化，但从效率上看，征税效率要高于征收费用：征税比征费更具有强制性、固定性、无偿性。征税可以克服收费的随意性、拖欠和拒缴现象；同时，征税还可以减少机构重叠以及部门和地方利益的干扰，从而节约征收成本。与环境税相比，排污费具有征收对象明确、操作灵活、见效快、专项用于污染治理有利于提升企业的积极性等。税费相互替代的关系，对于一个行为人的同一种污染排放行为来讲，是不能同时征收的。

排污权交易的主要思想就是建立合法的污染物排放权利即排污权（这种权利通常以排污许可证的形式表现），并允许这种权利像商品那样被买入和卖出，以此来控制污染物的排放总量，降低污染治理总体费用。对这两种环境政策手段的选择，取决于污染控制费用的不确定性是否比污染削减数量的不确定性具有更大的危害性。其次，可交易的许可证制度在可交易的数量较少时，其效率不能保证，但它与税收和收费相比更易于为公众所接受。

排污权有偿使用是排污权交易政策的组成部分，是排污权交易的一级市场，目前我国实施的形式有两种：一种是浙江省一次性购买，浙江省政府10月17日公布的《浙江省排污权有偿使用和交易试点工作暂行办法》，首次将排污权有偿使用和交易同排污许可证制度挂钩，并明确今后试点地区凡参与排污权交易的单位，应按规定购买初始排污权；另一种是江苏省实施的根据每年排放量缴纳，可一次性缴纳三年，也可分年度缴纳，与排污费有些接近。

排污费 / 税和排污交易及排污权有偿使用都是基于市场的环境经济手段，它们通过市场来影响污染者的产污、排污和治污行为。三种经济手段具有不同的特点、作用对象和机制，并非完全代替关系。排污交易与税费政策的主要区别是排污交易确定污染物排放总量，交易价格由市场确定；而税费政策是由政府确定价格，排放总量企业根据市场情况决定。在税费正式实施到位的情况下，可以不实施排污交易政策；在税费政策没有到位的情况下，排污权有偿使用和排污权交易有发展空间，这三种经济手段可能在中国环境管理中同时存在，共同促进污染源减排。若同时实施，三种费用将同时由排污企业承担，企业会综合考虑，税费政策和排污权有偿使用都将影响交易价格。目前国外实施的碳交易和碳税政策中，两者是互相补充的，参与交易的企业不缴纳碳税。与税收相比，交易为企业提供了更为灵活的减排选择，同时对于实施管理提出更高的要求，实施成本较高。

5.2.4 排污许可证制度与排水许可证

排污许可证，即排放污染物许可证。环保部门根据排污者的申请，依法针对各个排污单位的排污行为分别提出具体要求，以书面形式确定下来，作为排污单位守法和环保部门执法以及社会监督的凭据。排污许可证制度是1989年起开始实施的一项环境管理制度，从20世纪80年代中期，我国一些城市开始探索排污许可证这一基本的环境管理制度，国家先后组织开展了水污染物和大气污染物排污许可证制度试点。1988年3月，原国家环保局发布了《水污染物排放许可证管理暂行办法》。1989年7月，经国务院批准，原国家环保局发布的《水污染防治法实施细则》第九条规定，对企业事业单位向水体排放污染物的，实行排污许可证管理。截至1996年，全国地级以上城市普遍实行了排放水污染物许可证制度，共向42 412个企业发放了41 720个排污许可证[①]。2008年2月，新修订的《水

① 马中，[美] 杜丹德 . 总量控制与排污权交易 [M]. 北京：中国环境科学出版社，1999：124-179.

污染防治法》颁布，明确将排污许可证作为加强污染物排放监管的重要手段。

《城市排水许可证》主要是针对全市（除居民以外）直接或者间接向排水设施排放污水的单位和个体经营者进行办理发放。《城市排水许可管理办法》（建城 [1994]330 号）1994 年实施，2006 年修订。《城市排水许可管理办法》（建设部令第 152 号）已于 2007 年 3 月 1 日起实施，排水户是指因从事制造、建筑、电力和燃气生产、科研、卫生、住宿餐饮、娱乐经营、居民服务和其他服务等活动向城市排水管网及其附属设施排放污水的单位和个体经营者。排放的污水符合《污水排入城市下水道水质标准》（CJ 3082）等有关标准和规定，其中，经由城市排水管网及其附属设施后不进入污水处理厂、直接排入水体的污水，还应当符合《污水综合排放标准》（GB 8978）或者有关行业标准。

5.3 排污收费改革思路

5.3.1 排污收费改革总体思路

（1）总体思路

水污染物排污费改革的指导思想是：以改善环境质量、优化经济增长为目标；结合我国水环境污染防治的形势，借鉴国际经验，充分发挥环境经济手段在环境环境保护中的作用，促进“十二五”规划约束性指标的实现。

税费政策同时考虑。从前面分析的情况看，目前水环境污染严重，污染防治任务艰巨，污染物排放状况复杂，排污收费政策不能取消。同时开征环境税也是政策发展趋势，对于水污染物排放来讲，征收污水排放税和征收排污费各有利弊，国际上也都存在，在税费政策选择上比较困难。因此，为了充分发挥政策作用，同时考虑从排污收费本身改革和排污收费改税两个方案（分别见本章第 4、5 节），经过试点和模拟测算后，提出可行方案。

先行试点。根据排污费改革和费改税方案，选择有条件的部分省市开展试点或模拟测试。在试点的基础上，总结经验教训，完善试点方案，逐步扩大试点范围，包括试点的地区和试点内容，待条件成熟后推出确切方案。

择优选择。全面总结试点经验和存在的障碍，比较分析各方案的利弊，实施条件，选择适宜的政策，制定颁布相关法律或法规，同时调整其他相关法律法规。配套实施保障措施。

（2）方案设计原则

排污费改革和排污费改税方案设计中，除了考虑政策设计本身所遵循的一般原则外，还应遵循以下原则：

污染者付费 / 税原则。污染者付费原则是环境税 / 费政策遵循的基本准则，使企业排污的外部成本内部化，促使企业减少污染物排放量。从基本理论上讲，排污收费的公平性是利用等量的环境资源，应缴纳恢复或再生等量环境资源所需的费用。具体来说，对同一种污染物，同一区域不同排污者，排放等量污染物应缴纳等量的费用；对于排放不同的污染物和不同数量的排污者应该缴纳不同的费用也就是排污即收税 / 费，多排多缴的原则。

以保护水环境为目标。筹集资金是税费的基本功能，排污税费本身收入规模不大，筹集资金的功能不强，在目前环境优化经济增长的战略目标下，特别是水资源短缺、水环境质量不佳的情况下，其激励作用尤其重要。方案实际力求既促进污染物排放量的削减，改善环境质量；同时达到规定环境目标时社会总费用最小，有利于经济的可持续发展，得到社会公众的认可。

协调一致和地方特色相结合。中央在国家层面上制定改革思路，统筹出台操作规范，各地区根据经济发展情况和环境容量，突出地方特色，制定符合当地发展情况的收费标准。可操作性包括政策本身设计的可操作和外部条件适合，即要考虑技术层面、管理水平以及与现行制度的协调性。

5.3.2 理顺与污水处理费的关系

（1）界定征收范围

在浙江、江苏、山东等地，企业将污水委托污水处理厂处理，并缴纳污水处理费的模式正在普及。在水费中缴纳污水处理费的企业就不用再缴纳排污收费。企业向环保部门缴纳的外部成本转变为向排水公司支付的污水处理服务费。如果从改善环境效果角度来看，这两种模式并没有根本区别，都是通过外部成本来减少企业污染排放。而且从实际调研情况来看，普及污水处理费的地区都是较为发达的地区，环保部门的资金保障已不再依靠排污费，政府也有能力保障重点企业污染治理设施的补贴。因此，污水处理费对环保部门冲击并不大。

根据排污费和污水处理费的性质和征收特点，排污费的征收遵循污染者付费原则，是对环境损害的补偿；污水处理费体现的是使用者付费原则，属于服务性收费，根据使用情况收费。因此，我们应分别按照污染者付费和使用者付费原则来界定各自征收范围，体现总排水成本费用相当，理清两者的之间的关系，在实际操作中，避免重复计征或者遗漏项目。

污水处理费与排污费收费标准关系如公式所示：

$$Ps-Pd=Cd-Cs$$

式中：Ps——污水处理费标准；

Pd——排污费标准；

Cd——废水处理达标排放的治理成本；

Cs——企业达到接管标准的预处理成本。

污水处理费的征收范围是凡是排入城市污水管网的污水均应缴纳污水处理费，视其排放程度制定不同的收费标准；排污费的征收范围是向自然水体排放废水的排污单位，详见图 5-4。

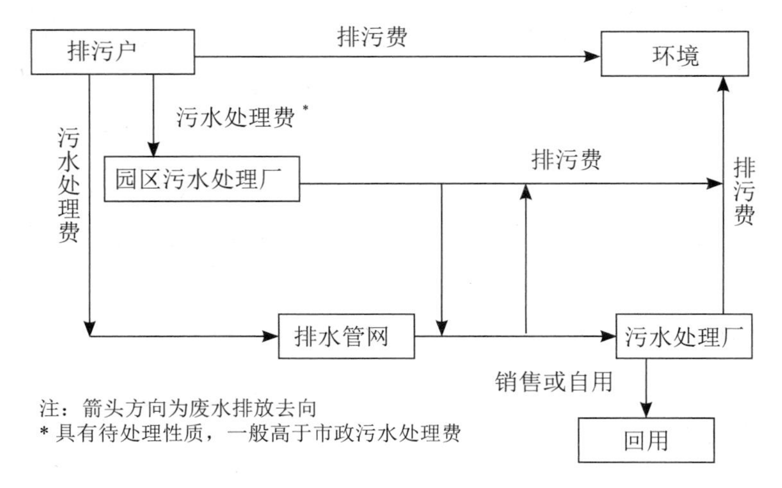

图 5-4 排污费与污水处理费征收范围

（2）调整排污单位和个体工商户的收费标准

目前各地污水处理收费标准相差很多，国家没有制定专门的纳管企业预处理标准，污水收费标准由城市自行制定，因此各地收费标准相差较大。同时排入污水管网的企业所排污水的污染程度不同，同时接纳污水的污水处理厂的设计和执行标准也不同。国家针对污水处理费应出台具体的指导意见或价格，对于工业废水可考虑下列因素：

1）各地的经济发展水平，分东、中、西分别制订；

2）综合考虑企业用水、污水处理和污水排放成本，调整污水处理费与排污费收费标准；

3）污水处理厂设计对于接纳水体的要求，及其执行的污水排放标准等级；

4）根据行业类别及其污染特点；

5）企业所在区域及执行的污水排放标准。

5.3.3 农业面源污染的税费政策

农业面源污染虽然应引起重视，但是排污费制度设计难以将其纳入征收范围，主要原因：一是难以确定每个污染者应承担的责任，计量困难；二是造成污染的因素较多，有耕作方式、肥料使用量以及施肥方式、肥料种类等因素；三是中国对农业非点源污染的调查和研究还十分薄弱，底数不清、缺乏准确足够的基础数据，控制面源污染；四是减轻农业面源污染最为经济有效的方法是通过改变耕作方式、减少化肥农药使用量等手段；五是国外有征收农药化肥污染产品税的经验可供借鉴。在污染产品税的设计中，需要考虑对农民的影响以及农药化肥市场状况，可通过补贴的方式减轻农民负担。

5.4 改革方案一：排污费改革方案设计

排污收费改革本着在现有法律法规下，不断规范和完善，提高征收效率和环境效果，同时考虑政策间的相互影响以及当前环境保护的主要任务。从前面调查分析发现，普遍认为目前水污染物排污收费标准低，企业宁愿缴纳排污费而不愿治理。因此，从以下五个方面进行改革：①提高收费标准，每当量收费额提高到 1.4 元；②规范核定方法，研究制定污染物排放量核算方法，作为排污收费的依据，并以法规文件形式发布；③简化征收程序，针对小型不具备监测条件的企业，根据申报情况和核算方法征收，减少核定确认环节；④扩大征收范围，将污水处理厂纳入收费范围，针对其执行的标准情况制定不同收费标准；⑤重金属污染收费的调整。

5.4.1 提高收费标准

排污费征收的目的除了引导企业节能减排，清洁生产之外，还兼具筹集专项资金专门用于国家环境保护事业的目的，如果标准设置太低，或者征管效率低下，不能及时足额征收，既不能对企业形成激励，又不能筹集足够的资金，进行环境的综合治理。排污收费标准还是偏低是现行《排污费征收使用管理条例》实施以来存在的问题，排污收费并没有完全将企业外部成本内部化，在实施过程中难免出现“宁愿缴纳排污费，而不愿治理”的现象，所起到的调控力度还是偏低。

从前面的分析来看，收费标准的高低应综合考虑企业用水与排水成本，包括水价、污水处理费、污染治理费用和排污费；同时应与其经济状况密切相关。从实现企业和社会协调、持续发展角度看，应考虑我国企业的负担能力，在企业可承受的负担范围内调整收费标准。此外，收费标准实行定期调整制度。应根据环境治理及社会经济发展、行业结构调整等因素进行定期测算调整。

收费标准调整，国务院节能减排综合性工作方案要求，各地根据实际情况提高 COD 排污费标准，国务院有关部门批准后实施。如第 3 章所述，一些地区已进行调整，如 2010 年 10 月 1 日，江苏太湖地区提高到 1.4 元 / 污染当量，因此建议调整到 1.4 元 / 污染当量，同时根据物价指数，定期调整，与国家五年规划同步，5 年有一调整，实行预告制度。

5.4.2 制定核定技术方法

《排污费征收使用管理条例》第九条规定，负责污染物排放核定工作的环境保护行政主管部门在核定污染物排放种类、数量时，具备监测条件的，按照国务院环境保护行政主管部门规定的监测方法进行核定；不具备监测条件的，按照国务院环境保护行政主管部门规定的物料衡算方法进行核定。第十条规定排污者使用国家规定强制检定的污染物排放自动监控仪器对污染物排放进行监测的，其监测数据作为核定污染物排放种类、数量的依据。排污者安装的污染物排放自动监控仪器，应当依法定期进行校验。目前自动监控仪器比例很少，环保部门监测能力有限，对于一些小型企业基本是按照核定方法。而没有具体物料衡算方法，目前采用的方法并非专门针对排污费制订，由于历史悠久与企业实际排放情况有出入，在实际操作的过程中难免产生争议。因此建议，国家专门针对排污费核定，定期研究制定发布污染物排放量核算的技术方法，并定期修订。

5.4.3 简化小型企业的征收程序

《排污费征收使用管理条例》中规定，排污者首先向县级以上地方人民政府环境保护行政主管部门申报排放污染物的种类、数量，并提供有关资料。县级以上环境保护行政主管部门，对排污者排放污染物的种类、数量进行核定。污染物排放种类、数量经核定后，由环境保护部门书面通知排污者。排污者对核定结果有异议的，申请复核，环保部门在接到申请10日内做出复核决定。排污费按月或季征收。这种规范程序一是时间长，二是任务重。基层环保部门往往编制有限，任务繁重，人员设备不足，过于繁琐的征收程序影响了工作效率。因此建议在改革中简化对小型企业的征收程序，对于无监测条件的企业，加强企业申报责任，免除核定环节，按企业申报缴费，年终清算，环保部门可以采用定期抽查，违者高额罚款的手段。

5.4.4 扩大征收范围

根据现行法律规定，企业处理达到排放标准排放时需要缴纳排污费，而作为集中污水处理设施的污水处理厂，在处理达标却不用征收排污费。实际上，污水处理厂收取的是服务费，处理达标后排放的环境损失成本并没有计算在内，并且环境容量是有限的，即使是达标排放也不能不加限制排放。据江苏省一份专项调查显示，江苏省工业企业排放的氨氮年度总量为9 728t，而城镇污水处理厂排放的年度总量达13 050万t；工业企业排放的总磷年度总量为298t，而城镇污水处理厂排放的年度总量达1 100t，两项指标超过了工业企业的排放总量。因此在下一步改革中，应该考虑对集中式污水处理厂收取排污费。

5.4.5 加强重金属排污费的征收

近年来，重金属污染事件频繁，给人民的群众的身体健康造成了严重影响。2009年环保部共接报12起重金属、类金属污染事件，重金属污染致病事件已进入高发期。重金属污染有污染浓度低，持续长的特点。在天然水体中只要有微量重金属即可产生毒性效应，一般重金属产生毒性的范围在1～10mg/L，毒性较强的金属如汞、镉等产生毒性的质量浓度范围在0.0l～0.001mg / L。并且重金属具有富集性，很难在环境中降解。因此国家十分重视防治重金属污染。2009年末，环保部等七个部委出台了《关于加强重金属污染防治工作的指导意见》，2011年2月国务院正式批复了《重金属污染综合防治"十二五"规划》。3月，国务院正式批准《湘江流域重金属污染治理实施方案》，这是迄今为止全国首个由国务院批准的重金属污染治理试点方案。重金属污染防治提上重要日程。

现行的排污费征收因子中包括了重金属，但是征收额较低，在污水类收费中所占比例较小。重金属治理成本较高，排污费与污染治理成本相比相差较大。环保部门监管能力有限，特别是县级环保机构普遍存在监管人员不足、技术力量不强、重金属监测能力不够等问题。重金属污染物排放自动在线监控系统缺乏，环境应急装备水平偏低，污染预警应急能力较弱。考虑目前治理技术和监管水平，首先要加重超标处罚力度，对于超标排放一律实行5倍的罚款，同时提高监管水平，下一步提高收费标准。

5.4.6 配套法规修订

根据排污收费改革方案制定的征收范围、收费标准、核算方法、征收程序等内容，对《排污费征收使用管理条例》进行相应的修订，规定排污费征收标准每年可随着物价指数进行动态调整，省级政府可以参照有关规定根据自身的情况进行一定范围的调整。

《水污染防治法》中有关排污费的地方也应做相应的修改；将城市污水处理厂纳入排污费的征收范围，与其他排污企业同等对待。

5.4.7 收费规模和影响

根据前面设计的改革方案，测算全国的排污收费额。2009年全国共征收污水类排污费243 560.3万元，按照排污费标准提高一倍来算，也就是每污染当量1.4元，则预计排污费约为487 120.6元。而鉴于2009年个别省市对排污费征收标准进行了调整，如山东、上海、河北等省份提高了征收标准，所以将这些因素考虑在内，预计排污费应为435 856万元。

如果对污水处理厂征收排污费，还需再核算污水处理厂2009年可征收的排污费。2009年全国污水处理量为2 793 457万m^3，利用量为239 951万m^3，则排放量为2 553 506万m^3。按照城镇污水处理厂污染物排放一级B标准，则污水处理厂将缴纳排污费250 243.6万元。

则共计排污费68.6亿元，是原排污费的2.8倍。

5.5 改革方案二：排污费改税方案设计

从减少企业负担和征管成本考虑，将排污收费全部转化为环境税，采取税务征收、环保协查的征管模式。污水排放量作为税基，针对不同行业制订调节系数（污染强度系数），同时，针对排放标准的等级，对于有在线监测设备的依据监测数据，没有在线监测设备或不能正常运行的，依据用水量或产品产量制订排水系数。

5.5.1 环境税改革背景

在我国现行税制中，与环境有关的税种主要有消费税、资源税、车船税、车辆购置税等，同时也有排污费和污水处理、水资源费等收费政策。根据污染物产生和生态破坏的环节，可以划分为资源开发利用、产品生产、产品消费和使用三个环节。目前的税费制度存在着两方面不足：一是存在着税收缺位，从整个污染产生环节看，缺乏税收调节机制，没有对化学需氧量（COD）等主要污染物排放设置相关的税种，也没有对水资源使用以及造成水环境污染的产品使用征收相应的税收，而是通过排污费等收费手段来替代发挥调节作用；二是排污费作为一项重要的环境经济手段，排污收费制度对环保的调控效果不佳。排污收费存在着收费制度自身难以克服的制度性和机制性问题，收费较税收而言，不能适用征管法，无法获得与税收相同的强制性，导致征收上出现缴费单位与收费部门的“讨价还价”等各种不规范行为。

从OECD国家构建和完善环境税收体系的经验看，其主要包括三个方面的改革内容：一是引入新的税种，二是重构现有的税种，三是完善与环境相关的税收政策。由于我国目前缺少直接针对污染排放、生态破坏行为课征的独立环境税，限制了税收对污染、破坏环境行为的调控功能，弱化了税收的环境保护调控作用。因此，借鉴国际经验，我国税收体系可以考虑开征环境税。

5.5.2 税制要素设计

（1）征收对象

现行排污收费征收对象污染源排放的水污染物，考虑中国目前环境监管水平和税务部门实际情况，采取简化征收的方式，征收对象设计为污染源排放到环境的污水。

（2）纳税人

污水排放税针对排放污水的行为。纳税人是向水体中排放污水的所有排放者，包括工业企业、事业单位、商业和服务业企业、污水处理厂以及其他单位，不包括居民。

（3）计税依据

污水排放税的税基设计为污水排放量。为了体现不同行业（企业）所排放污水的污染程度（所含污染物种类和数量不同），在实际排放量基础上增加了污染程度的考虑，引入行业污染强度系数。在《污水综合排放标准》（GB 8978—1996）中，第一类污染物没有区分不同排放标准的浓度。在第二类污染物中，二级排放标准和一级差别最大的是矿金选矿行业中的悬浮物排放项目，相差7倍，第二位是甜菜制糖、酒精、味精、皮革、化纤、浆粕工业中BOD_5排放项目，相差5倍，其他普遍都在2～4倍的范围内。三级排放标准和二级差别最大的是甘蔗制糖、苎麻脱胶、湿法纤维板工业中的悬浮物项目，差别达到6倍，其他多在 2 ～ 4 倍。因此，行业污染强度系数也参考排放浓度进行分类执行，二级是一级标准的 2 倍，三级是一级标准的 4 倍（表 5-1）。也就是说计税的污水排放量与实际排放量不同，污水应税额的计算公式如下：

污水应税额＝污水排放量 × 行业污染强度系数 × 单位税额

表 5-1　部分行业污染强度系数

行业名称	执行排放标准	
	一级	二级
有色金属合金制造	0.25	0.5
无机碱制造	0.25	0.5
机制纸及纸板制造	0.6	1.2
染料制造	1.25	2.5
复混肥料制造	0.5	1.0
啤酒制造	0.25	0.5
起重运输设备制造	0.5	1.0
改装汽车制造	0.4	0.8
汽车整车制造	0.25	0.5
工矿有轨专用车辆制造	0.25	0.5

污染排放税目的税基确定应该真正体现污染排放的税基特点。所有税基确定中要坚持的首要原则是，只要企业有污染排放监测并经过环保部门认定的排放量数据，就应该首先选择该排放量数据作为税基，一般的排污企业废水量是一个常规的监测和统计指标。对于不能采取实际监测的污染源（小型企业、三产等），根据行业污水排放特点，按照取水量或产品产量核算，公式如下：

污水排放量＝取水量（产品产量）× 污水排放系数

污水排放系数根据行业污染排放现状、企业工艺技术水平、规模等因素制订，并适时进行调整。

（4）排放税率

水污染排放税除了筹集收入的功能外，主要目的是调节污染排放行为，利用经济刺激机制来控制污染，因此税率的确定要兼顾筹集资金与调控作用。本着高于污染治理成本的原则制定税率，同时兼顾企业承受能力，初期可与排污费标准大体相当。根据现行排污收费标准，假设一般企业达标情况，其污水排污费在 0.07 ～ 0.4 元 /t，见表 5-2。与方案一保持相同税率水平，因此，污水排放税率定为 0.4 元 /t。

表 5-2 各行业单位废水排污费征收水平估算

行业类别	排放标准分类		收费额 /（元 /t 废水）
化工	第一级		0.34
	第二级		0.39
造纸	制浆企业		0.153
	造纸企业		0.079
	联合企业	废纸	0.093
		其他	0.114
印染	Ⅰ级		0.083
	Ⅱ级		0.148
	Ⅲ级		0.35
畜禽养殖			0.35
发酵和酿造	啤酒		0.069
	味精		0.184
	柠檬酸		0.118
制革	Ⅰ级		0.07
	Ⅱ级		0.056

5.5.3 征收管理

从减少企业负担和征管成本考虑，将排污收费全部转化为环境税，采取税务征收、环保协查的征管模式。在该种模式下，为了强化环境税的征收管理工作，加大征收力度，环境税征收、管理由税务机关承担；同时考虑污染排放的特点，环保部门的监管力量，在税务稽查过程中，环保部门协助检查。所有征收、管理、检查程序均适用于《中华人民共和国税收征收管理法》。

税务部门全面负责环境税的政策制定、征收、管理、检查工作；环保部门应分担负责环境税涉及的环境污染的监测、核算、上报工作，辅助税务机关科学、规范征收环境税。

5.5.4 奖励和责罚

目前排污收费政策缺乏优惠措施，税收设计考虑是否通过起征点设置奖励机制，加强调节作用。如果以超标排放作为起征点，即实行超标征税，那么类似于排污费实施初期（20世纪 80 年代）的超标收费。从税收角度讲，将出现起征点附近排污状况的异常现象，从超标排污收费实际征收情况看，企业通过稀释、偷排等行为，使其排污状况在起征点下，将造成税收的流失。

对于采用先进工艺及企业安装污水处理系统并正常运转，污染物排放浓度明显低于污水排放标准的或明显减少废水排放的企业实行减免税或部分退税。

5.5.5 预期税收

根据费改税方案的设计，对 2009 年全国污水排放将缴纳的排放税进行测算，并对污水处理厂也征收污水排放税。考虑到部分企业的污水排放进管网，以及排污费不能足额征收的因素，将工业废水排放量的 80% 来计算排放税。则测算 2009 年全国合计缴纳污水排放税 1 261 048 万元，是原排污费征收额的 5 倍。

5.6 方案比较

除了政策本身的因素，税费选择外部经济社会等因素的影响，初步分析如表 5-3 所示。

表 5-3 水污染物排放收费政策改革方案影响因素

方案	政治法律	经济	社会	技术
排污费改革	有法律基础	提高标准的负担，筹集资金能力较弱	影响不大	已有一套有效的征管体系，技术可行
	排污费条例修改			
排污费改税	无法律基础	物价上涨影响 政策改革成本高，筹集资金能力较强	公众支持度较高	监测技术支持较弱
	环境法律修改			
	环境税立法			

6 排污收费政策改革案例研究

6.1 合肥市基本情况

6.1.1 合肥市社会经济发展状况

合肥，安徽省省会，位于安徽中部，长江淮河之间、巢湖之滨。合肥市行政辖区总面积为 7 029.48km^2，其中巢湖水面面积 233.4km^2，户籍总人口 486.74 万人，城镇化率 62.4%。现辖肥东、肥西、长丰 3 个县，瑶海、庐阳、蜀山、包河 4 个区，赋予合肥国家级高新技术产业开发区、合肥国家级经济技术开发区、合肥新站综合试验区市级管理权限。合肥市作为中部重要的经济中心城市，是全国科研教育基地、全国性交通枢纽；2009 年合肥全市地区生产总值实现 2 102.12 亿元，实际利用外资 13 亿美元，地方财政一般预算收入完成 341.9 亿元，城镇居民人均可支配收入为 17 158 元、农民人均纯收入突破 6 000 元，高于全国平均水平 912 元。

紧靠“长三角”的合肥市是以制造加工业为主的新兴工业城市。拥有汽车、装备制造、家用电器、化工及轮胎、电子信息及软件、新材料、生物技术及新医药、食品及农副产品深加工 8 大重点产业，尤其是高新技术产业突飞猛进，成为全市最富活力的支柱产业之一。近年来，合肥市经济发展迅猛，国内生产总值、税收总收入年年攀升，各产业发展良好，尤其第三产业的发展更是蒸蒸日上，具体情况见表 6-1。

表 6-1 合肥市主要经济指标数据

年份 \ 项目	国内生产总值 / 亿元	税收收入 / 亿元	第一产业产值 / 亿元	第二产业产值 / 亿元	第三产业产值 / 亿元
2004	740.92	100.34	52.76	317.8	370.36
2005	925.61	123.89	52.5	424.59	448.52
2006	1 121.29	159.12	61.71	532.36	527.22
2007	1 401.55	204.84	77.28	684.98	639.29
2008	1 776.86	274.28	105.12	887.78	783.96
2009	2 102.13		108.69	1 104.99	888.45

数据来源：2005—2010 年合肥统计年鉴，其中税收收入列数据来源于 2004—2009 年安徽省统计年鉴。

2009 年，合肥市国内生产总值为 2 102.13 亿元，比去年增长 18.3%，三大产业的生产总值相比去年都有所增长，工业的增长率最大，达到 24.5%。按户籍人口计算，人均 GDP 达 42 981 元，比上年增加 6 179 元。经济结构继续保持“二三一”格局，三次产业结构为 5.2 ∶ 52.6 ∶ 42.2，形成以第二产业为主的经济结构，属于典型的“工业拉动”型经济模式。

6.1.2 合肥市水环境状况

通过专项资金所支持的项目建设与运行和带动作用，合肥市水环境质量有较为明显的改善，同时核发《水污染物排放许可证》，使得合肥市的水资源环境质量得到提高。但随着“大建设”的大力推进，合肥市的经济快速发展，工业增长速度加快；据统计，2009 年，合肥市工业废水排放量 2 036 万 t，COD 排放总量 1 380.7t，氨氮排放总量 80.1t。

按照合肥市“十一五”规划考核的 10 个地表水断面中，派河入湖区、新河入湖区、巢湖西半湖湖心 3 个断面由原来的劣Ⅴ类水体转变为基本达到Ⅴ类水体，南淝河入湖区、十五里河入湖区、巢湖塘西 3 个断面水质有所好转。长丰县城周边地区主要地表河流——窑河及其支流水质原为劣Ⅳ类水质，高塘湖水质为劣Ⅲ类水质。长丰县污水处理厂建成后，长丰县城周边地区地表主体河流水质达到Ⅲ类标准。另外，合肥市饮用水源地水质 100% 达标。合肥市主要河流和湖泊水质虽有所好转，但均未达到《地表水环境质量标准》（GB 3838—2002）的水质标准要求，巢湖西半湖整体水质超过地表水Ⅲ类水质要求，为劣Ⅴ类水质，主要超标污染物有总氮、总磷、化学需氧量；南淝河水质为劣Ⅴ类水质，超标污染物主要为化学需氧量、总氮、总磷和氨氮；十五里河为劣Ⅴ类水质，属重度污染，主要污染物为氨氮；派河水质未达到Ⅳ类水质标准，为Ⅴ类水质，主要污染物为氨氮。

6.1.3 环境保护投资状况

合肥地处中部，面临着承接长三角产业转移的趋势，位于巢湖、淮河之间，其特殊的地理位置使合肥市无法避免地面临着治理流域污染的艰巨任务。同时由于原有的经济基础和环境保护基本设施和管理能力比较薄弱，合肥在中部崛起和节能减排的大背景下，仍然步步维艰。

面对环境恶化，有关部门积极采取了一系列治理措施。2006—2008 年，合肥市环境保护投资总额为 64.6 亿元，三年投入分别为 14.5 亿元、20.9 亿元和 29.2 亿元，比“十五”多 5 亿元。2009 年合肥市将 39.3 亿元用于环保投资，接近于“十五”期间环保总投资量。污水处理厂从无到有、从少到多；大型工业企业从强制治污到主动治污或搬出市区；从单一的治理污染到立体治污、防污。全市工业废水达标率超过 90%，饮用水水源水质达标率 100%，同时核发《水污染物排放许可证》，使得合肥市的水资源环境质量得到提高。检测数据显示：合肥市辖内的巢湖西半湖主要污染因子呈明显下降趋势，2009 年底水体总氮、总磷、氨氮、高锰酸盐等指标，比 2006 年分别下降 23.57%、57.09%、40.52%、30.26%[①]。

单单看合肥市的水环境治理投资，2006—2009 年分别为 5.6 亿元、5.7 亿元、18.8 亿元和 18.02 亿元。“十一五”期间完成水环境治理投资 48.21 亿元，较“十五”后四年

① http://news.ifeng.com/gundong/detail_2010_11/11/3072109_0.shtml.

16.71 亿元增长近 3 倍。同期，合肥市安排环境监测、监察、监控等环境管理能力建设投入分别为 543 万元、305 万元、317 万元、304 万元，有力支持了环境管理能力的提高。

从图 6-1 中可以发现，从 2003 年实施排污费改革后，合肥市污水治理项目投资占年污染治理投资的比例逐年增加，2004 年合肥市废水污染治理项目投资更是从 2003 年的 28.5 万元激增至 1 465.1 万元，2007 年达到峰值 8 305 万元，此后投资额有所滑落，但此期间总体上保持递增趋势，2008 年、2009 年出现较大回落的原因可能是污水处理设施已经在过去的几年发展到了一个饱和的状态。

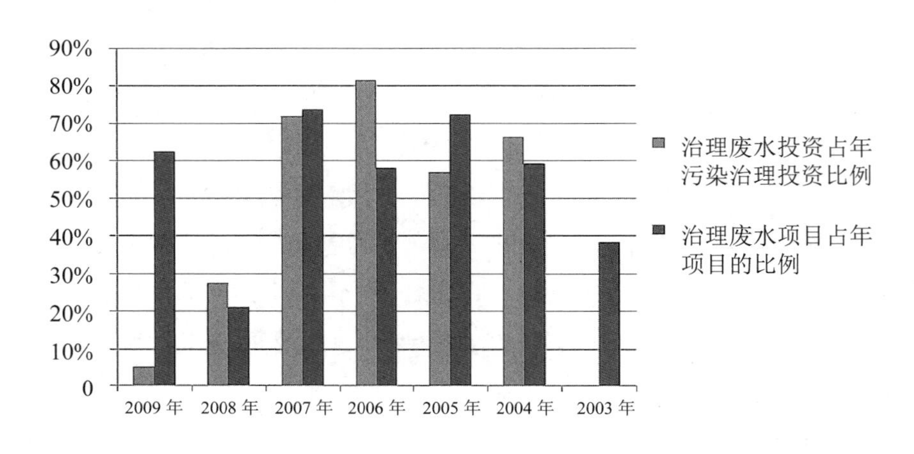

图 6-1 合肥市废水治理投资概况

数据来源：2003—2009 年中国环境统计年鉴。

此外，2007 年合肥市申请国家“三河三湖”水污染防治专项资金项目总投资 574 107 万元，申请补助 119 093 万元，获批 2 906 万元；2008 年申请国家“三河三湖”水污染防治专项资金项目总投资 121 994 万元，申请补助 35 266 万元，获批 9 642 万元；2009 年申请国家“三河三湖”水污染防治专项资金项目总投资 220 911 万元，申请补助 70 500 万元，获批 11 318 万元。

表 6-2 合肥市申请“三河三湖”专项资金基本情况

年份	项目总投资 / 万元	申请专项资金 / 万元	获批专项资金 / 万元
2007	574 107	119 093	2 906
2008	121 994	35 266	9 642
2009	220 911	70 500	11 318
总计	917 012	224 859	23 866

数据来源：调研收集整理。

中央专项资金的补助，促进了合肥市污染治理项目资金筹措。据统计，“十一五”期间合肥市对中央流域资金补助19个项目实际到位投资12.051亿元，其中中央流域资金补助2.39亿元，中央预算内资金1.06亿元，带动地方政府配套2.19亿元、项目单位自筹2.39亿元、银行贷款2.82亿元以及其他1.2亿元。中央流域资金有效地带动了其余项目资金的筹集，不仅促进了项目的建设，而且通过对资金的监管，项目实施的规范性也得到了加强。

专栏6-1 合肥市市级环境保护专项资金机制与管理模式

依照合肥市所制定的《合肥市市级环境保护专项资金管理办法》（以下简称《办法》），合肥市环境保护专项资金主要由市财政从市级排污费收入安排。同时明确规定了相关管理部门的职责：市环保局负责本市市区范围内（含经济技术开发区、高新技术开发区、新站综合试验区）排污费征收管理工作，组织筛选项目，会同市财政局审核申报项目并下达专项资金使用计划，对项目实施情况进行检查，组织完工项目验收工作，根据项目进度提出拨付资金申请。市财政局负责专项资金收支预算管理，会同市环保局审核申报项目并下达专项资金使用计划，根据市环保局申请办理资金拨付，对专项资金使用情况进行监督检查。

同时《办法》明确了专项资金的适用范围：

（一）重点污染源防治项目。实施清洁生产，建设环境友好企业中的污染防治内容等的重点行业，重点污染源污染防治项目。

（二）区域性污染防治项目。饮用水水源地污染整治，循环经济示范项目，绿色创建，生态示范建设，农村小康环保行动计划项目，目前无主体的区域环境安全保障项目等。

（三）污染防治新技术、新工艺的推广应用及示范项目。主要用于污染防治新技术、新工艺的研究开发以及资源综合利用率高，污染物产生量少的清洁生产技术，工艺的推广应用及清洁生产审核补助。

（四）环境监管能力建设项目。指《中央环境保护专项资金项目申报指南（2006—2010年）》中涉及的环境监测能力建设项目，环境监察执法能力建设项目，环境应急监测能力建设项目和重点污染源自动监测项目四个方面。

（五）国务院和省、市规定的其他污染防治项目。

资料来源：合肥市市级环境保护专项资金管理办法。http://sczj.hefei.gov.cn/n1105/n32739/n281325/n283391/1300620.html

6.2 水污染物排放情况

6.2.1 废水排放总体情况

2009 年合肥全市废水排放总量达 21 488.71 万 t，其中工业废水排放量 2 035.6 万 t，工业废水排放达标率 96.36%，工业废水占总量比重 9.47%；生活污水排放 19 453.11 万 t。全市 COD 排放总量 32 295t，其中工业 COD 排放量 1 380.74t。全市氨氮排放总量 80.1t。

从排放总量来看，合肥工业废水排放总量，从 1985—1995 年十年间基本是处于逐年增长趋势，1995 年达到最高点，自此，一路下滑，2008 年大幅下降，2008 年工业废水排放量为 2093 万 t。而工业废水排放未达标量 1990 年达到顶峰，2005 年达到谷底，此后有所抬头，工业废水达标排放量 2005 年达到峰值。工业废水中化学需氧量排放量基本处于下降态势，见图 6-2。

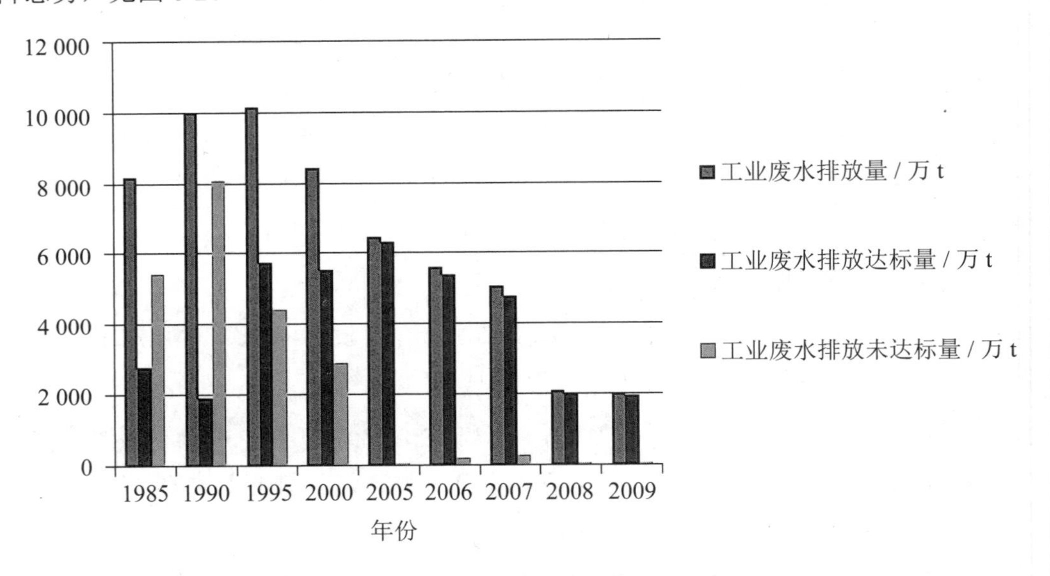

图 6-2 合肥市 1985—2009 年工业废水排放情况

数据来源：2003—2009 年中国环境统计年鉴。

在合肥，生活污水排放量一直高于工业废水，工业废水排放量的稳步走低态势使得两者的差距越来越大。2003—2009 年，合肥市城镇生活污水排放量呈现稳定增长的趋势，从 2003 年的 12 861 万 t 增至 2008 年的 19 453 万 t，这和城市化进程的不断加快是分不开的，同时随着经济的发展，人们的生活水平不断提高，生活污水排放总量不可避免地持续增长， 2008 年合肥市城镇生活污水排放量较 2003 年增加了 51.3%，其中化学需氧量排放量增加了 13.7%，氨氮排放量增加了 20.9%，均低于排放总量的增长速度，这说明合肥市在生活污水治理方面是取得了一定成效的，详见图 6-3。

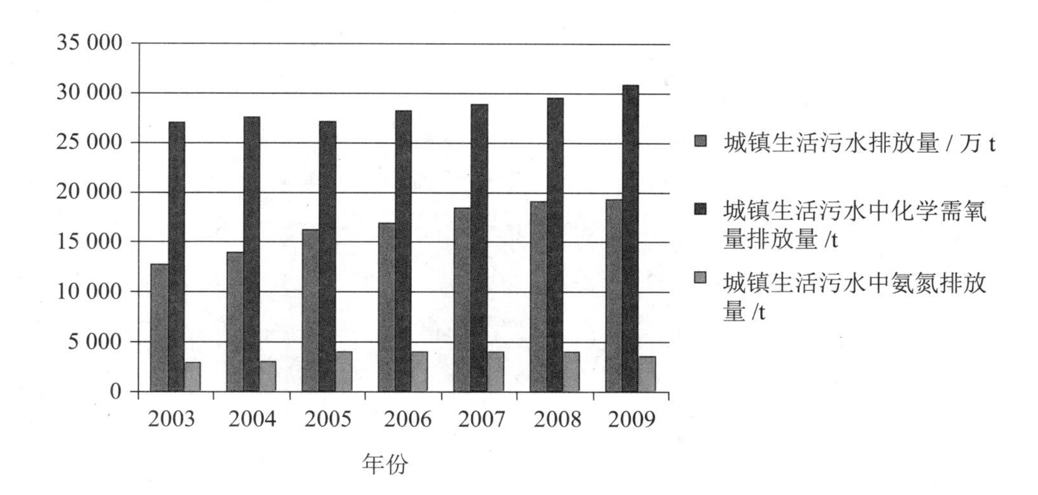

图 6-3 合肥市 2003—2009 年生活废水排放情况

数据来源：2003—2009 年中国环境统计年鉴。

6. 2. 2 污水排放去向及发展趋势

分析合肥市污染源废水排放去向，基本为如下两个：一是直接排放到自然水体，二是排入污水管网进入城市污水处理厂，经治理后排放。没有工业园区针对工业废水集中污水处理厂。

餐饮等三产排入城市污水处理厂的比例较高，工业废水排入污水处理厂的比例不到 30%。近年来城市污水处理厂接纳工业废水的比例见图 6-4。

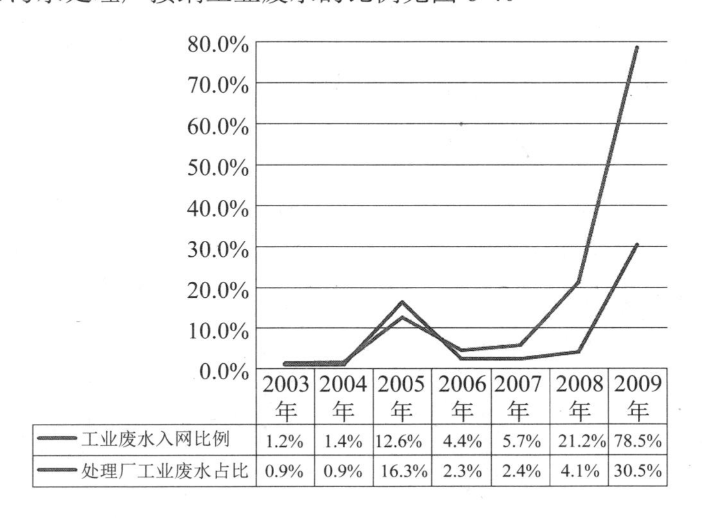

	2003 年	2004 年	2005 年	2006 年	2007 年	2008 年	2009 年
工业废水入网比例	1.2%	1.4%	12.6%	4.4%	5.7%	21.2%	78.5%
处理厂工业废水占比	0.9%	0.9%	16.3%	2.3%	2.4%	4.1%	30.5%

图 6-4 合肥市 2003—2009 年工业废水处理情况

数据来源：根据 2003—2009 年中国环境统计年鉴相关数据计算所得。

根据我们在绍兴、长春等地的调研情况得知，全国各地为了切实履行“十一五”的减排目标，加大了对工业废水的集中处理力度，经济较为发达的地区都逐步兴建管网等配套措施，积极将达到入管标准的工业废水集中至污水处理厂处理后再达标排放，很多地区污水处理厂的主要处理对象已经从生活污水渐渐转移到了工业废水，这些地区工业废水进入城市污水处理厂的比例也年年攀升。合肥市的发展情况虽然略显缓慢，但是其工业废水进入城市污水处理厂的比例在2003—2009年总体呈上升的态势，至2009年其比例达到78.5%，较之2008年出现了很大的飞跃，也就是说绝大部分的工业废水已经纳入了污水管网，告别了以往直接排入水体的情况。2003—2009年，污水处理厂中工业废水占比在2005年达到了一个小峰值16.3%，截至2009年此比例也不过才30.5%，由此可见，合肥市的城市污水处理厂仍然是以处理生活污水为主的。

6.2.3 污水处理厂的污水处理及排放情况

随着水污染防治资金的加大投入、合肥市本身的社会经济发展，合肥市加快了城市污水处理厂的建设速度。合肥市主要河流实施截污，从2007年下半年起，合肥市决定对南淝河等巢湖支流的河道两侧全部埋设截污管，将原直排河道的污水全部收集、截流，送至污水处理厂处理。2006年至2008年底的3年间，合肥新增污水管道724km，接近前16年污水管网铺设量的总和。合肥地区污水处理能力也从2003年的9 588万t增至2008年的24 398万t，增长了1.5倍，与此同时污染物的去除力度也有很大的飞跃，2009年城市污水处理厂的化学需氧量去除量、氨氮去除量较2003年分别提高了2.4倍、1.3倍，7年来城镇生活污水处理率基本保持恒定且略有上升，在生活污水排放基数增加1.5倍的情况下，处理率水平稳步上升了近18%。预计到2010年，合肥污水处理总能力达99.7万t/d，基本实现污水排放的“全处理”。

对比来看，合肥市还是在城镇生活污水处理方面下了很大的工夫的。污水处理程度的深化以及处理负荷的加大使得污水厂的运行费用提升了3倍，联系我们此前在绍兴及长春等地的调研情况来看，许多污水处理厂均处于负债运营情况，虽然污水处理费的标准较之排污费已经有所提高，但是仍然没有办法负担污水处理厂的运营，有待进一步提高，推测合肥市的情况也是如此。同时污泥产生量增长迅速，达到了1.9倍之多，带来了新的问题。

表6-3 2003—2009年合肥市污水处理厂概况

年份	2003	2004	2005	2006	2007	2008	2009
城市污水处理厂数/座	4	4	6	4	4	7	10
污水处理量/万t	9 588	10 144	5 720	11 152	12 867	13 901	24 398
本年运行费用/万元	2 319.7	4 232.7	4 199.0	9 852.6	9 125.1	12 055.7	9 396.6

年份	2003	2004	2005	2006	2007	2008	2009
处理费用 /（t/ 元）	0.2	0.4	0.7	0.9	0.7	0.9	0.4
化学需氧量去除量 /t	12 227	13 830	18 903	19 959	24 365	24 226	41 724
氨氮去除量 /t	1 818	1 944	1 932	2 075	2 617	2 998	4 156
污泥产生量 /t	46 637	64 600	71 427	163 272	105 320	123 175	13 6852
城镇生活污水处理率 /%	73.9	71.6	68.8	64.1	67.7	69.6	87.2

数据来源：2003—2009 年中国环境统计年鉴。

根据在建委的调研资料汇总，2009 年合肥市污水处理厂运营情况显示目前除了十五里河污水处理厂的出水水质执行一级 A 标准外，其余污水处理厂在 2009 年均执行的一级 B 标准，随后建成的二期工程以及小仓房污水处理厂将全部执行一级 A 的出水标准，这符合当前我国大力加强水污染防治的大背景，见表 6-4。

表 6-4　合肥市 2009 年污水处理厂运营情况

污水处理厂	设计规模 /（万 t/d）	2009 年处理水量 / 万 t	出水水质
王小郢污水处理厂	30	12 312	一级 B 标准
朱砖井污水处理厂	5.5	2 190	一级 B 标准
望塘污水处理厂一期	8	3 305	一级 B 标准
经济开发区污水处理厂一期	10	4 048	一级 B 标准
蔡田铺污水处理厂一期	2.5	842	一级 B 标准
十五里河污水处理厂	5	390	一级 A 标准

数据来源：调研收集整理。

由于合肥市许多企业在将污水排入城市污水处理厂前，排到自然水体，拥有污水处理设施，同时根据排放标准的要求，其排放的浓度存在较大差异。没有针对工业废水处理的集中污水处理厂，污水排放执行的是综合排放标准和行业标准。排入污水处理厂的废水大致分为：处理达排放标准（一级、二级标准）或预处理达接管标准三类。污水处理费标准一律为 0.845 元 /t，同时对于未纳入管网的废水也征收。

6.3　合肥市排污收费现状

6.3.1　排污费总额增加但占税费比重下降

合肥市的排污收费总额近年来逐渐上升，但是排污收费总额占总税费的比例却一直很小，合肥市排污收费总额占总税费的比例五年间只有 0.31%，不仅如此，还呈递减趋势，如图 6-5 所示，2004—2008 年排污收费总额占总税费的比例呈现出下降的趋势，并且 2008 年下降速度最快，下降率达到了 38%（2007 年增加幅度最大，据调查是由于合肥市环保局组织专项行动，追缴三个开发区排污单位自 2003 年以来的排污费，使得该年度的排污收费超常增长）。即排污收费增加的速度赶不上其他税费，尤其是税收的增长速度。

由此看出，现行的排污收费制度在筹集环保资金方面的效果并不理想。

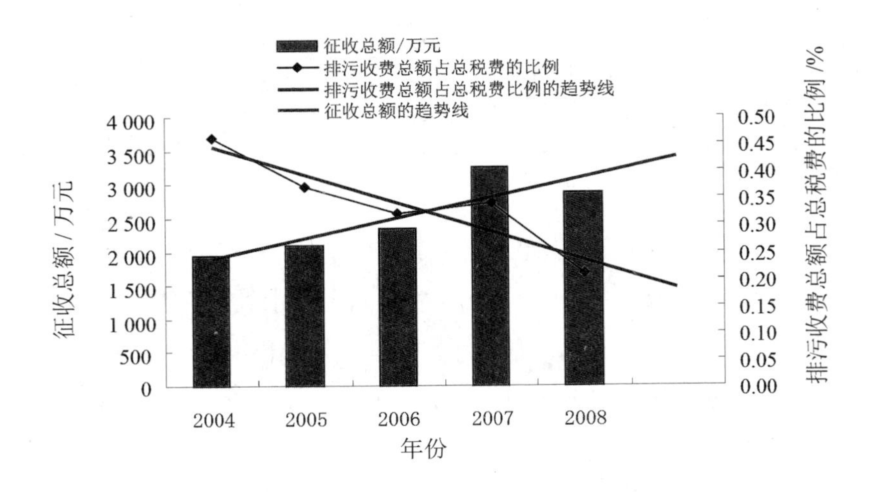

图 6-5　合肥市排污收费总额及占总税费比例的变动趋势

数据来源：根据合肥市环保局、合肥市财政局提供的数据整理。

6. 3. 2　排污收费征收额逐年下降

从合肥市历年污水类排污费征收情况看，征收额和征收户数均呈明显的下降趋势，从2004年的1 075万元下降到2010年的291万元，征收户也从1 393户降到366户，见图6-6。占排污费征收总额的比例从2004年的55.2%降到2010年的13.5%。

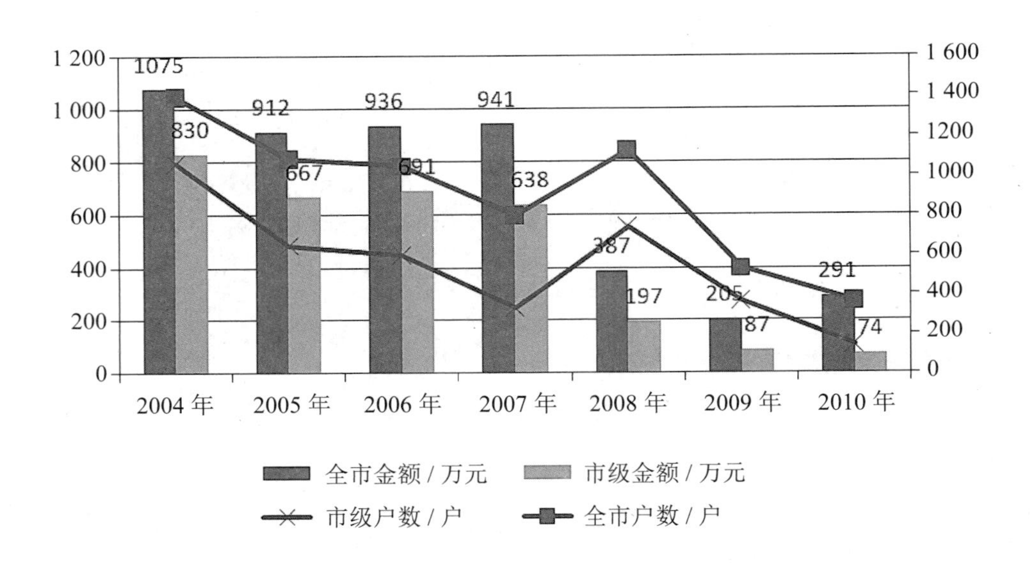

图 6-6　合肥市历年污水类排污费解缴入库情况

数据来源：根据合肥市环保局、合肥市财政局提供的数据整理。

6.3.3 主要征收因子

从不同介质排污费征收构成看，合肥市是以污水收费为主导的，2008 年首次出现二氧化硫收费超过污水收费的现象。这是因为修订后的《排污费征收标准管理办法》规定，二氧化硫排污费征收标准逐渐提高使企业交纳的大气污染物排污费增加，从而使污水收费比例下降。污水类排污费征收主要集中在化学需氧量、氨氮污染因子，其中化学需氧量征收额占 65%，氨氮征收额占 14%，其他污染因子占 18%，如图 6-7 所示。

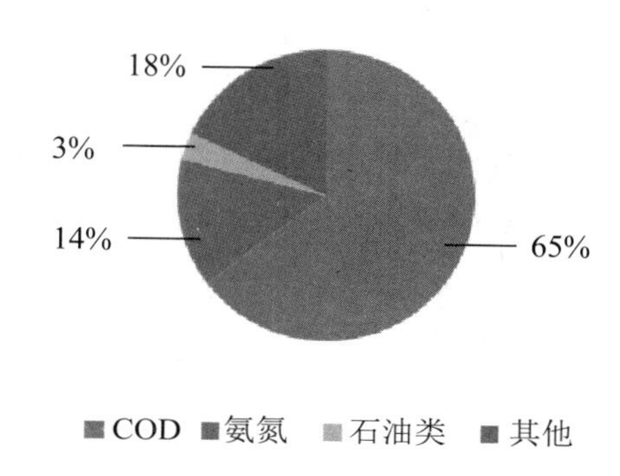

图 6-7 不同水污染因子的排污费所占比重

6.3.4 排污费资金使用情况

2007—2009 年，合肥市污染防治专项资金安排合计 8 721.03 万元，其中市级排污费收入 5 862.03 万元、中央和省专项拨款 2 859 万元，全部纳入预算，实行收支两条线管理。3 年计划补助项目 137 个，其中：按计划完工 107 个，在建、未实施项目 30 个。拨付到位资金 7 055.85 万元。调查结果表明：3 年资金投向主要集中在工业污染治理和防治监控建设上，占拨付到位资金总额的 68%。工业废水的治理力度不断加大，2009 年工业废水排放量下降了近 60%，废水中的化学需氧量和氨氮量分别下降近 70% 和 90%，废水污染治理效果明显。增加对防治监控的硬件投入，实现对重点企业远程在线实时监控。项目资金投入的总体绩效情况较好，为实现可持续发展发挥了积极作用。但也存在一些问题：

一是排污费收入预算与实际征收数差距较大。2007—2009 年，排污费收入预算为 3 450 万元，实际完成排污费征收收入 7 473.4 万元，是收入预算的 2.17 倍。对当年排污费超收收入，未能及时安排使用，如 2008 年排污费超收收入 554.48 万元结余未安排使用，占当年排污费收入的 31.55%。同时存在因前期工作不到位、计划下达时间较迟等原因，导致大部分项目资金集中于年底拨付。

二是部分污染治理项目资金未能及时发挥使用效益。2007 年对全市 42 家单位实施锅炉淘汰，其中有 19 家未实施，占计划的 45.24%，项目资金 169.5 万元闲置在项目单位；

2009 年市级项目计划安排 5 个第三产业油烟噪声污染治理项目补助资金 100 万元，因前期工作不到位，尚未组织实施。

三是项目档案资料管理不完善。抽查发现 2007—2008 年，已批复的 62 个项目，档案资料不够完整，特别是项目的专家评审资料、配套资金到位证明、招投标、施工合同、验收及验收检测报告等程序、证明类资料，存在不同程度的缺失，不利于项目管理。

6.4 排污收费政策改革分析

6.4.1 污水处理费变化

近年来合肥市污水处理厂的建设和配套完善速度情况乐观，2009 年城市污水处理率已达 87.2%，工业废水进入管网的比例虽然低于部分发达地区的总体水平，部分工业废水已经渐渐纳入管网，呈逐渐增加的趋势。污水处理费由合肥市供水集团代收，市财政局监督使用，专项用于城市污水集中处理设施建设、运行和维护，包括污水处理、污水收集、污泥处置、收集水质检测、污水处理厂进出水水质监测、污泥出厂检测等。下岗特困家庭凭低保证明，随自来水费一起每户免收 4m^3 污水处理费及 4m^3 自来水费，先征后退，超过部分按收费标准交纳。2007—2009 年，共收取污水处理费 5.48 亿元，支出污水处理费 5.73 亿元，支出大于收入，且面临着大批量污泥的处理问题。

合肥市针对工业用水收取的污水处理费用单价为 0.845 元，与污水处理厂的运行费用相当（0.9 元/t），总体看高出排污费收费标准。由于没有行业差别和污染排放浓度差别，因此对于企业的影响程度存在差异，对于预处理水平较高的企业，如有些企业废水排放标准与污水处理厂排放标准相当（甚至更低），污水处理费是额外负担；而对于废水预处理水平较低的企业，现行的污水处理费用不能完全负荷污水处理厂包括折旧、人员投入、设备运行等在内的正常运营。

2009 年，合肥市工业废水排放量为 2 035 万 t，合肥市对于取用自来水的企业全面征收污水处理费，而对取用自备水源的企业，污水处理费征收刚刚开始，其征收标准明显低于现有工业废水。去除自备水源部分，估算工业废水污水处理费在 1 240 万元左右。

建议合肥市污水处理费在现有收费标准的基础上进行调整，制定有差别的收费标准，鼓励企业现有污水处理设施的运行，提高预处理水平，见表 6-5。其他经营服务业和特种行业可参照调整。政策调整后，2009 年排入城市污水处理厂工业废水排放量 7 431 万 t，按现行标准，初步估算将交纳污水处理费近 7 000 万元，污水处理收费额有可能降低，需要作进一步的测算。

表 6-5 合肥市工业污水处理收费标准设计

单位：元 /m³

行业＼排放标准	一级标准	二级标准	三级标准
一般工业	0.5	1.0	1.5
重污染行业	0.6	1.50	3.0

6.4.2 方案一：排污费改革

根据之前提出的改革方案，根据合肥市现状进行相关的测算，合肥不是金属污染重点地区，在此不作测算。

（1）征收额变化

根据前面推荐的改革方案，测算合肥市排污单位收费额，分析变化情况。根据企业调查反馈，2009 年企业总计缴纳排污费 27.24 万元，其中 COD：20.96 万元，氨氮：3.2 万元，石油类：3.09 万元。按照提高标准一倍测算，调查企业合计缴纳污水排放税 54.48 万元。据此估算，2008 年排污费收入 387 万元，如果提高一倍，则为 774 万元。如果对污水处理厂征收，则污水处理厂将缴纳排污费 2 415.26 万元。排污费收入合计 3 189 万元。

（2）对污水处理厂的影响

2009 年，合肥市工业废水的排放量减至 2 036 万 t，与此同时，城镇生活污水处理厂的污水排放量却达到了 19 453 万 t，是工业废水的 5.5 倍多，尽管大部分污水经过污水厂处理后达到了一级 B 的排放标准，但是有限的水环境容量仍然难以负荷，污水处理厂已经成为了一个重要排污源。如果将污水处理厂纳入收费范围，以 2009 年为例，合肥全市污水处理厂排污费将达到 2 415.26 万元，远远超过 2008 年合肥全市污水类排污费。

污水处理厂纳入排污费征收范围后必然会对其运营产生很大的影响。以合肥六家污水处理厂为例，如果将污水处理厂纳入排污收费范围，按照现行排污收费标准计算，将征收 1 207.63 万元，平均占污水处理费收入的 8.9%，单位污水 0.052 元 /m³，各污水处理厂测算结果见表 6-6。受影响较大的为经济开发区污水处理厂，占其污水处理费收入的 17.9%，王小郢污水处理厂最低，为 6.4%。如果按提高一倍标准征收，其收费额将提高一倍，达 2 415.26 万元，占收入的比例将达到 17.8%，单位污水 0.104 元 /m³。

表 6-6　污水处理厂排污费测算结果

污水处理厂	设计规模 /（万 t/d）	2009 年处理水量 / 万 t	出水水质	单位处理水价 /（元 /m³）	排污费 / 万元	排污费占处理费比例 /%
王小郢污水处理厂	30	12 312	一级 B 标准	0.815 3	646.38	6.4
朱砖井污水处理厂	5.5	2 190	一级 B 标准	0.362 4	114.98	14.5
望塘污水处理厂一期	8	3 305	一级 B 标准	0.328 1	173.51	16.0
经济开发区污水处理厂	10	4 048	一级 B 标准	0.293	212.52	17.9
蔡田铺污水处理厂一期	2.5	842	一级 B 标准	0.403	44.21	13.0
十五里河污水处理厂	5	390	一级 A 标准	0.256	16.04	16.1

为了弥补对于污水处理厂的影响，可适度调整污水处理费标准，或由财政部门通过补贴解决。同时污水处理厂可通过加强管理，降低成本解决一部分。

（3）简化小型三产征收程序影响

就目前的情况来看，针对小型、三产、服务业等不具备监测条件的企业，简化征收程序，根据申报情况和核算方法核定征收，减少核定确认环节，可减轻征收成本，提高排污费征收效率。

（4）对排污企业的影响

方案一对企业的影响主要由于提高收费标准引起，同时企业规模不同会有所差别。经测算，标准提高一倍后，排污费占企业总税费的比重在 0.58% 左右，见表 6-7。

表 6-7　排污费征收标准提高后对企业的影响

行业类别	排污收费所占税费比重 /%
大型企业	0.18
中型企业	0.56
小型企业	0.70
平均值	0.58

6.4.3　方案二（按废水量征收）的影响分析

（1）征收额变化

根据 11 家企业废水排放情况的调查和前面提出的废水排放税方案，测算合计缴纳污水排放税 52.88 万元，高于排污费 93%，企业间有所差异，见表 6-8。全市估算污水排放税收入可达到 774 万元。

表 6-8 污水排放税征收额测算

所属行业	废水排放量 / 万 t	排污费 / 万元				污水排放税 / 万元
		COD	氨氮	石油类	合计	
有色金属合金制造	43.41	2.68	0.80	2.48	5.97	4.34
无机碱制造	2.48	12.10	2.38	0.04	14.53	0.25
机制纸及纸板制造	98.00	1.45			1.45	23.52
机制纸及纸板制造	10.80	1.08			1.08	2.59
复混肥料制造	10.60	0.30			0.30	2.12
啤酒制造	41.40	1.28	0.01		1.29	8.28
起重运输设备制造	2.73	0.09			0.09	0.55
改装汽车制造	4.50	0.31		0.04	0.35	0.72
汽车整车制造	82.32	0.72		0.02	0.74	8.23
工矿有轨专用车辆制造	2.93	0.08		0.01	0.08	0.29
汽车整车制造	19.87	0.87		0.50	1.37	1.99
合计	319.04	20.96	3.20	3.09	27.24	52.88

（2）排污费“费改税”需要考虑的问题

税收规模下降。从全国和合肥市情况来看，污水类排污费处于下降趋势，江苏省虽然收费标准提高，收费额仍然在下降。排污费改为排放税后，若不提高标准和扩大征收范围，其收入也将下降。只有通过强化征收来实现收入的增长，从税收征收情况以及税务部门对环境保护的了解，实现难度较大，费改税是否一定能大幅提高征收率值得商榷。

激励作用的体现。与其他税种不同，排污费改税的目的不是筹集收入，主要是调节企业排污行为，促进污染治理，改善水环境质量。从税制设计看，其调节功能主要靠强化征管发挥。

技术支持。废水排放税征收技术性较强，税务部门征管人员缺乏环境保护技能。我国目前水污染在线监测设备安装比例较低，环保部门在污染源申报、排污费征收方面的经验不能直接移植到税务部门。废水排放税工作的开展不管是对税务部门还是对环保部门无疑都是一种挑战，两部门应该在强化各自业务能力的同时，逐步就双方工作开展广泛交流合作，建立良好的信息传递平台，各司其职共同做好这项试点工作。在安徽省首次排污申报核定与排污费征收工作汇审会上，合肥市 2009 年排污申报核定与征收工作分别以 157.5 分、94.6 分的全省最高分，双双荣获全省优秀奖。为废水排放税实施提供支持。2009 年合肥市排污申报核定及污染源自动监控为省内的先进单位，“十一五”期间，合肥市安排环境监测、监察、监控等环境管理能力建设投入分别为 543 万元、305 万元、317 万元、304 万元，有力支持了环境管理能力的提高。

环境管理的协调。“十二五”期间化学需氧量和氨氮都已作为约束性指标写入“十二五”国民经济和社会发展规划，重金属污染防治规划已获国务院批复。因此，废水排放税如何与环境保护目标结合需考虑。费改税后，废水排放税作为税收的一种，由部门来负责征收和管理，现有排污收费体系如何有效利用，减轻现有资源的浪费需要考虑。这将在很大程度上减少环保部门与排污企业的联系，环保部门如何加强监管需要考虑。

6.5 小结

排污收费政策在国家层面制定，省级可以依据地方情况适度调整收费标准，合肥市作为省会城市无权进行排污收费政策的调整，但是在实际执行中尚有空间可以操作。《排污费征收标准管理办法》第四条规定：市（地）级以上环境保护行政主管部门可结合当地实际情况，对餐饮、娱乐等服务业的小型排污者，采取抽样测算的办法核算排污量。然而合肥市城市污水处理厂建设迅速，大多数企业都纳入排水管网。因此，要制定第三产业排污系数意义不大。提高排污收费标准后，总体上对于收费额增长也不大。此外，费改税的空间较小，通过费改税对企业的影响测算，为排污费改税提供参考。未来城市污水处理厂应作为监控的重点，加强对于纳管企业的监管及入网标准的研究制订。

7 结论与建议

7.1 主要结论

排污收费政策实施近30年来，在促进环境保护事业的发展，污染防治、提高公众环保意识等方面发挥了重要作用。从上述评估中看出，水污染物排污收费政策可以用部分成功或成功来描述，政策实现了原定的部分目标。相对成本而言，政策只取得了一定的效益和影响，在水污染防治中起到了一定的作用，促进环保事业发展，排污收费制度促进了环保公共财政体制的建设，促进污染治理，取得了一定的减排效果。水污染排放量有所减少。同时，还存在一些问题，政策设计目标尚未完全实现。

7.1.1 排污费的筹集资金功能有弱化趋势

从环境经济政策的筹集资金和污染减排两个方面的功能来看，排污收费制度实施近30年来，两方面都发挥了作用。在筹集环境保护资金方面可以说，环境保护队伍建设与排污收费制度同步发展，20世纪八九十年代，排污费是环保部门的重要经费来源之一，环保补助费占64%，一些县级环保部门的经费全部来源于排污费，是名副其实的“吃排污费”[①]；同时，积累了污染治理资金，特别是《条例》实施初期，排污费征收额大幅增加，而且《条例》规定排污费资金用于污染治理。另外在刺激减排方面，环保专项资金的使用，带动了地方财政及企业资金的投入，促进了污染治理；同时，通过征收排污费，促进企业加强管理，对于企业减少排放起到了一定激励作用，工业COD排放绩效持续提高。

近年来，随着公共财政体制的逐步建立，环境保护部门经费逐步纳入财政预算，经费保障增强，东部地区和省级部门表现较为明显，排污费占环保部门经费的比例大幅减少；污水类排污费征收额在下降，征收额由2007年的36.1亿元下降到2009年的24.4亿元，在排污费征收总额中的比例从2004年的36.3%下降到2009年的14.8%，相比废气类收费增加，资金规模相对变小；排污费总规模增长速度低于税收总收入。环保部门对于排污费的依赖性在减弱。

7.1.2 排污收费制度本身的局限性

排污费制度本身的局限性和政策设计的不足给排污费制度执行带来困难，表现如下：一是强制性不足。与税收相比，排污费的强制性明显不足，不可避免受到行政干预等外部因素掣肘，如一些地方政府片面追求经济增长速度，忽视环境保护，拒绝履行法律规定的相关职责，擅自出台名目繁多的“土政策”、“土规定”，妨碍排污费的征收。二是对企

① 1994—1996年环保自身建设调查。

业责任重视不够。《条例》中明确了规范化的征收程序，在实际操作中对一些小企业、边远地区来说，征收程序有些繁琐，尤其在执法人员缺乏、监管手段落后的情况下，执行困难，而且在时间上也极大地限制了收费进度；此外，程序强调了环保部门的核定权力，对企业责任重视不够，企业排污申报登记数据不直接作为收费依据，而是经环保部门核定的数据，同时对企业不实申报处罚较轻，申报登记过程中谎报、瞒报现象时有发生，增加核定的难度。三是覆盖范围窄。征收范围窄主要表现如下四个方面：1）新型和有毒有害污染物 POPs、EDs 等的影响日益显著，受监控手段等影响尚不能将其纳入排污费的征收范围；2）一些重金属虽然在排污费征收范围，但是由于各地管理水平的差异，执行程度受影响；3）纳入城市集中污水处理厂的企业废水以及污水处理厂达标排放的污水不缴纳排污费，客观上造成"穿透"现象，使得部分企业逃避缴纳排污费的责任；4）水污染物主要来源之一的农业面源污染也不在征收范围之内。四是收费标准偏低。虽然经过两次比较大的调整后，排污费的标准有所提高，但现行排污费标准仍然低于污染治理的正常运行成本，达不到真正刺激企业治理环境污染的目的。

7.1.3 政策实施缺乏足够的配套支持能力

排污费征收中存在的"协议收费"、"乱收费"等现象，除个别人员违规操作外，主要由于配套措施不完善和环保部门监管能力不足。包括如下几个方面：一是监测能力不够。《条例》规定"负责污染物排放核定工作的环境保护行政主管部门在核定污染物排放种类、数量时，具备监测条件的，按照国务院环境保护行政主管部门规定的监测方法进行核定；不具备监测条件的，按照国务院环境保护行政主管部门规定的物料衡算方法进行核定。"现行环境监测能力不能满足按季或按月征收的要求，大多污染源按照排污系数等方式核定污染物排放量。二是缺乏权威的核定方法。然而，国家尚未颁布物料衡算方法，大多地方沿用《工业污染物产生和排放系数手册》，由于年代久远，与实际情况有出入。同时属地征收加重了县级环保部门任务，而县级环境监管能力、人员素质、经费保障等方面欠佳，对于企业谎报、瞒报现象辨识能力不够，以致出现"协商收费"、"乱收费"等现象。三是环保部门执法能力有待加强。由于排污费征收涉及监测、监察、执法等多方面，需要一定的资金、人力投入，而现有的环保部门存在资金缺乏、人员编制严重不足等情况，导致排污费的征收不能取得预定效果。环境监察人员较少、素质有待提高；环境监察装备较差，远不能适应当前工作需要，环境执法能力区域差异大，地区发展不平衡，如湖北环境监察标准化建设不达标。环保执法能力的薄弱，导致违法排污行为得不到查处，企业违法排污行为得不到有效遏制，排污费流失在所难免。四是其他政策影响。污水处理费与排污费关系密切，随着城市污水集中处理率提高，餐饮等三产污水入网比例大幅提高，工业废水入网比例也在增加，由 2005 年的 8% 上升到 2009 年的 17%。入网企业不再缴纳排污费，而在污水处理费缴纳上各地的规定有所差别，城市污水处理厂对于工业废水处理，同时城市污水处理厂不缴纳排污费，因此，纳入城市污水管网成为某些企业逃脱缴纳排污费的途径，而增加了一些企业的负担。

7.1.4 水污染物排污费的“费改税”需要克服的难点

对于水污染物排污费“费改税”将面临税收规模下降、激励作用的体现、技术支持以及环境管理协调等几个方面的挑战：一是税收规模下降。从全国和合肥市情况来看，污水类排污费呈下降趋势，江苏省虽然收费标准提高，收费额仍未增加。排污费改为排放税后，若不提高标准和扩大征收范围，从税收征收情况以及税务部门征管能力分析，费改税是否一定能大幅提高征收率值得商榷，其收入规模可能先升后降，难以保持持续的增长。二是激励作用的体现。与其他税种不同，排污费改税的目的不是筹集收入，主要是调节企业排污行为，促进污染治理，改善水环境质量。从税制设计看，其调节功能主要靠强化征管发挥。三是技术支持。废水排放税征收技术性较强，税务部门征管人员缺乏环境保护技能。我国水污染在线监测设备安装比例较低，环保部门在污染源申报、排污费征收方面的经验不能直接移植到税务部门。废水排放税工作的开展不管是对税务部门还是对环保部门无疑都是一种挑战，两部门应该在强化各自业务能力的同时，逐步就双方工作开展广泛交流合作，建立良好的信息传递平台，各司其职共同做好这项工作。四是环境管理的协调。“十二五”期间化学需氧量和氨氮都已作为约束性指标写入“十二五”国民经济和社会发展规划，重金属污染防治规划已获国务院批复。因此，废水排放税如何与环境保护目标结合需考虑。费改税后，废水排放税作为税收的一种，由税务部门来负责征收和管理，现有排污收费体系如何有效利用，减轻现有资源的浪费需要考虑。这将在很大程度上减少环保部门与排污企业的联系，环保部门如何加强监管需要考虑。

7.1.5 排污费仍然是水污染防治的重要手段

水环境污染形势还很严峻，污染物来源和污水排放去向呈现多样化，污染防治的压力将持续存在，污染防治任务艰巨，排污费作为重要的环境经济手段更应发挥重要调节作用。作为行政事业性收费，与税收相比，排污费政策具有作用对象明显、灵活性等优点，针对新型污染物等问题收费政策调整较为方便；目前已有较为完善的收费政策体系和监管队伍；此外排污费与日常环境监管较为密切，便于及时发现问题。

7.2 政策建议

7.2.1 理顺排污费与污水处理费的关系

建议修改《水污染防治法实施细则》，明确界定排污费与污水处理费征收的范围，针对不同行业和地区制定污水处理收费标准。界定征收范围。分别按照污染者付费和使用者付费原则来界定各自征收范围，体现总排水成本费用相当，理清两者之间的关系，在实际操作中，避免重复计征或者遗漏项目。污水处理费的征收范围是凡是排入城市污水管网的污水均应缴纳污水处理费，视其排放程度制定不同的收费标准；排污费的征收范围是向自然水体排放废水的排污单位。调整排污单位的收费标准。各地污水处理收费标准相差很多，国家没有制定专门的纳管企业预处理标准，污水收费标准由城市自行制定，因此各地收费标准相差较大。同时排入污水管网的企业所排污水的污染程度不同，同时接纳污水的污水处理厂的设计和执行标准也不同。国家针对污水处理费应出台具体的指导意见或价格，对于工业废水可考虑下列因素：①各地的经济发展水平，分东、中、西分别制订；②综合考虑企业用水、污水处理和污水排放成本，调整污水处理费与排污费收费标准；③污水处理厂设计对于接纳水体的要求，及其执行的污水排放标准等级；④根据行业类别及其污染特点；⑤企业所在区域及执行的污水排放标准。

7.2.2 完善排污收费制度

排污收费改革本着在现有法律法规下，不断规范和完善，提高征收效率和环境效果，同时考虑政策间的相互影响以及当前环境保护的主要任务。从前面调查分析发现，普遍认为现行水污染物排污收费标准低，企业宁愿缴纳排污费而不愿治理。因此，从以下五个方面进行改革：①提高收费标准，每污染当量收费额提高到 1.4 元；②规范核定方法，研究制定污染物排放量核算方法，作为排污收费的依据，并以法规文件形式发布；③简化征收程序，针对小型不具备监测条件的企业，根据申报情况和核算方法征收，减少核定确认环节；④扩大征收范围，将污水处理厂纳入收费范围，针对其执行的标准情况制定不同收费标准；⑤加强重金属排污费的征收，首先要加重超标处罚力度，对于超标排放一律实行 5 倍的罚款，同时提高监管水平，下一步提高收费标准。

7.2.3 加强环境保护部门的能力建设

环保部门能力建设不仅是排污收费政策实施的重要保障，也是环境保护工作的重要支撑。虽然污水排污费征收额在下降，排入污水处理厂的排污单位增加，但是环保部门监管任务没有减少，同时监管能力提高，有助于排污费的实施，主要表现如下：①排污收费/税的保障，目前排污费执行中存在的征收不足、协议收费、乱收费等问题，与环保部门监管能力和人素质有密切关系；②排污申报和定任务需要，2009 年各级环境监察机构共对 516 920 户排污单位进行了排污申报核定，对 458 681 户排污单位征收排污费 164.22 亿元；③对纳管企业的监管需要，虽然对纳管企业不再征收排污费，但是其超标排放将对污水处理厂造成严重影响，仍需监管；④污水处理厂监管需要，污水处理厂运行水平差异较大，对于超标排放需要处罚，同时追加排污费；⑤环境执法的需要。

7.2.4 水污染物排污费的“费改税”需慎行

筹集资金是税费的基本功能，排污税费本身收入规模不大，筹集资金的功能，在环境优化经济增长的战略目标下，其调控作用尤其突出。对于水污染物排放来讲，征收污水排放税和征收排污费各有利弊，国际上也都存在，在税费政策选择尚不确切的情况下，可先行试点，逐步扩大，待条件成熟后推出确切方案。根据排污费改革和费改税方案，选择有条件的部分省市开展试点或模拟测试，总结经验教训，比较分析各方案的利弊，提出解决方案。在前面试点的基础上，完善试点方案，从两个方面考虑逐步扩大试点范围：一是针对现行的排污费改税，另一个是针对其他水污染行为的税费政策，如农业面源污染。待试点效果显现后，选择适宜的政策，制定颁布相关法律或法规，同时调整其他相关法律法规，配套实施保障措施。

7.2.5 环境税政策设计中需要考虑农业面源污染问题

农业面源污染虽然应引起重视，但是排污费制度设计难以将其纳入征收范围，主要原因：一是难以确定每个污染者应承担的责任，计量困难；二是造成污染的因素较多，有耕作方式、肥料使用量以及施肥方式、肥料种类等因素；三是中国对农业非点源污染的调查和研究还十分薄弱，底数不清、缺乏准确足够的基础数据，控制面源污染；四是减轻农业面源污染最为经济有效的方法是通过改变耕作方式等手段，减少化肥农药使用量；五是国外有征收农药化肥污染产品税的经验可供借鉴。建议在环境税政策设计中考虑征收农药化肥的污染税，对农民的影响以及农药化肥市场状况，可通过补贴的方式减轻农民负担。

参考文献

[1] 杨金田，王金南，等 . 中国排污收费制度改革与设计 [M]，北京：中国环境科学出版社，1998.

[2] 环境保护部 . 中国环境统计年报 2000—2009[M]. 北京：中国环境科学出版社 .

[3] 闫洪峻 . 浅谈排污费征收过程中的核定程序 [J]. 中国环境管理，2006（3）：40-41.

[4] 罗柳红，张征 . 关于环境政策评估的若干思考 [J]. 北京林业大学学报，2010,3（9）：123-126.

[5] 万融 . 欧盟环境政策及其局限性分析 [J]. 山西财经大学学报，2003,25（2）: 5-9.

[6] 何强，井文涌，王翊亭 . 环境学导论（第三版）. 北京，清华大学出版社，2004.

[7] 王金南，葛察忠，等 . 环境税收政策及其实施战略 [M]. 北京：中国环境科学出版社，2006.

[8] 刘世昕 . 环境税能否解决排污费诸多难题 [J]. 中国减灾，2010（2）.

[9] 刘立佳，司言武 . 环境费改税的理性思考 [J]. 北方经济，2009（7）：89-91.

[10]《第一次全国污染源普查公报》，2010.

[11] 中华人民共和国发展计划委员会，财政部，国家环境保护总局，经济贸易委员会第 31 号令 . 排污费征收标准管理办法，2003.

[12] 中华人民共和国国务院令第 369 号 . 排污费征收使用管理条例 [Z]. 2003.

[13] 国家环境保护总局 . 排污收费制度 [M]. 北京：中国环境科学出版社，2003.

[14] 蔡惟瑾 . 我国排污收费制度的重大变革 [J]. 铁道劳动安全卫生与环保，2004，31（3）：121-125.

[15] 余江，王萍，蔡俊雄 . 现行排污收费制度的特点及若干问题探析 [J]. 环境科学与技术，2005，28（5）: 60-62.

[16] 杨玲 . 对我国现行排污收费工作的思考 [J]. 环境研究与监测， 2008，21（1）：44-47.

[17] 环境保护部环境监察局 . 中国排污收费制度 30 年回顾及经验启示 [J]. 环境保护，2009（20）：13-16.

[18] 王晓燕，曹利平 . 控制农业非点源污染的排污收费理论探讨 [J]. 环境科学与技术 2007，Vol.30（12）：47-51.

[19] 水污染源在线监测系统数据有效性判别技术规范（试行）HJ/T 356—2007.

[20] 冷淑莲 . 排污收费政策失灵问题研究 [J]. 价格月刊，2008（1）: 15-21.

[21] 孔志峰 . 排污费“费改税”的难点剖析 [J]. 环境保护，2009（20）: 19-21.

[22] 郑佩娜，陈新庚，李明光，等. 排污收费制度与污染物减排关系研究——以广东省为例 [J]. 生态环境，2007，16（5）：1376-1381.

[23] 王德高，陈思霞. 排污费政策取向：基于相关数据的实证分析 [J]. 学习与实践，2009（5）:146-151.

[24] 葛察忠，王金南. 利用市场手段削减污染：排污收费、环境税和排污交易 [J]. 经济研究参考，2001（2）：28-43.

[25] 环境保护部环境监察局. 中国排污收费制度 30 年回顾及经验启示 [J]. 环境保护，2009（20）：13-16.

[26] 王金南. 排污收费理论学 [M]. 北京：中国环境科学出版社，1997.

[27] 王阿华. 城镇污水处理厂提标改造若干问题探讨 // 全国城镇污水处理厂除磷脱氮及深度处理技术交流大会论文集 [C]. 2010：59-63.

[28] 施德国. 一起征收污水排污费引起的行政复议案 [J]. 绿色视野，2006（3）：28-29.

[29] 李晶，王新义，贺骥. 英国和德国水环境治理模式鉴析 [J]. 水利发展研究，2004（1）：52-54.

[30] 环境保护部. 中国环境统计年鉴 2009[M]. 北京：中国环境科学出版社.

[31] 住房和城乡建设部计划财务司与外事司. 中国城市建设统计年鉴 2008[M]. 北京：中国计划出版社.

[32] 周竹林. 丹麦的环境保护与水管理 [J]. 水利水电快报，2005（22）：12-14.